普通高等教育林学类专业教材

# 风景园林工程制图

肖国增　贾德华　主　编

曾峻峰　孙陶泽　偶　春　副主编

周明芹　主　审

中国轻工业出版社

图书在版编目（CIP）数据

风景园林工程制图/肖国增，贾德华主编. —北京：中国
轻工业出版社，2023.10
ISBN 978-7-5184-4440-3

Ⅰ.①风… Ⅱ.①肖… ②贾… Ⅲ.①园林设计—工程
制图—高等学校—教材 Ⅳ.①TU986.2

中国国家版本馆 CIP 数据核字（2023）第 092509 号

责任编辑：贾 磊
文字编辑：吴梦芸 责任终审：劳国强 封面设计：锋尚设计
版式设计：砚祥志远 责任校对：晋 洁 责任监印：张 可

出版发行：中国轻工业出版社（北京东长安街6号，邮编：100740）
印 刷：三河市万龙印装有限公司
经 销：各地新华书店
版 次：2023 年 10 月第 1 版第 1 次印刷
开 本：787×1092 1/16 印张：12.5
字 数：300 千字
书 号：ISBN 978-7-5184-4440-3 定价：39.00 元
邮购电话：010-65241695
发行电话：010-85119835 传真：85113293
网 址：http://www.chlip.com.cn
Email：club@ chlip.com.cn
如发现图书残缺请与我社邮购联系调换
221194J1X101ZBW

# 本书编写人员

**主　编**

　　肖国增（长江大学）

　　贾德华（长江大学）

**副主编**

　　曾峻峰（长江大学）

　　孙陶泽（长江大学）

　　偶　春（阜阳师范大学）

**参　编**

　　黄建军（东华理工大学）

　　赵燕萍（南华大学）

　　王万喜（长江大学）

　　母洪娜（长江大学）

　　张广波（信阳农林学院）

　　刘　磊（长江大学文理学院）

　　徐　琴（南昌工学院）

**主　审**

　　周明芹（长江大学）

# 前言 | Preface

　　明显改善城乡人居环境、建设美丽中国，是我国未来五年的主要目标任务之一。风景园林工程在践行美丽中国的建设过程中具有重要作用。

　　本教材根据教育部高等学校工程图学课程教学指导分委员会制订的《普通高等学校工程图学课程教学基本要求》（2015版）及新发布的技术制图和风景园林专业教学相关国家标准进行编写，使用对象主要面向风景园林、园林、林学、城乡规划、园艺等相关专业的本科生及科技人员。

　　本教材在调研相关院校《风景园林工程制图》课程教学需求、现有教材优缺点的基础上，从基础知识入手，以风景园林工程图面表现、规范标准和操作技术为主线，理论结合案例，介绍了风景园林工程制图基本知识、制图规范和标准、制图特点等内容。内容包括工程图学基础和风景园林工程制图两部分，详细阐述了绘制风景园林工程图常用的4种投影法的作图原理和画法，系统地介绍了风景园林建筑、水景、园路、地形、园林绿化和计算机绘制工程图等专业制图内容。

　　本教材特点：一是精简了理论内容，注重制图思路与技能实践操作，课程内容力求与学生的创新能力和职业要求相结合；二是紧扣课程内容和专业发展趋势，手绘与最新的计算机制图软件相结合，案例和实践教学相结合，突出实践操作动手能力的培养。

　　通过对本教材的学习，力图使学生在学习制图基本知识和投影原理的基础上，掌握各类风景园林要素的表现方法，加强徒手绘图和计算机制图的能力，引导学生形成良好的制图习惯；结合制图规范和标准的阐述，以及识读各类风景园林工程图的方法，提高学生绘制和阅读风景园林工程图的能力。本教材共分九章，由七所高等院校的风景园林工程制图课教师合作编写，图文密切联系专业实际，教材特色鲜明。

　　本教材由肖国增、贾德华任主编，由曾峻峰、孙陶泽、偶春任副主编。具体编写分工：肖国增、偶春、黄建军编写第一章和第二章；贾德华、刘磊、赵燕萍编写第三章、第四章和第五章；王万喜、张广波编写第六章；孙陶泽、母洪娜编写第七章；曾峻峰、徐琴编写第八章和第九章。全书由周明芹教授主审。

　　由于编者水平有限，本教材难免存在缺点和错漏，恳请使用本教材的教师和相关工程技术人员批评指正。

编者

**目录** |Contents

# 风景园林概论

## 第一节　风景园林的概念及其范围

### 一、定　　义

在人类文明的历史发展过程中，优美而舒适的环境是人们追求的目标。这种环境要在现实中实现，且能满足人类的繁衍生息和活动需求，就必须要具有物质和空间的表现形式。这种形式就称为"园林"，它是物质和空间的载体。最早的造园行为可以追溯到 2000 年前祭祀神灵的场地、供帝王贵族狩猎游乐的苑囿和居民为改善环境而进行的绿化栽植等。最早见于文字记载的园林形式是"囿"，园林里面的主要建筑物是"台"，中国园林的雏形产生于囿和台的结合。"囿，所以域养禽兽也"（《诗经》）；"台，观四方而高者也"（《说文解字》）。

初期的园林主要是植物与建筑物的结合，园林形式较简单，建筑物是主体，而园林仅充当建筑物的附属品。

随着社会的发展，园林逐渐摆脱建筑的束缚，园林的范围也不仅局限于庭园、庄园、别墅等单个相对独立的空间范围，而且扩大到城市环境、风景区、保护区、大地景观等区域，涉及人类的各种生存空间，形成了现在的风景园林学。风景园林学是综合运用科学与艺术手段，研究、规划、设计、管理自然和建成环境的应用型学科，以协调人与自然之间的关系为宗旨，保护并恢复自然环境、营造健康优美的居住环境。风景园林所包含的内容十分广泛，除通常的造园、园林绿化外，还包括更大范围的区域性规划和管理，甚至是国土性的景观、生态及土地利用的规划经营，是一门综合的科学。

现今的风景园林形式丰富多彩，建造技术水平不断提高。实践证明，具有长久生命力的园林与社会的生产方式、生活方式有着紧密的联系，且与科学技术水平、文化艺术特征、历史、地理等密切相关，它反映了时代与社会的需求、技术的发展和审美价值的取向。

### 二、特　　征

风景园林一般情况表现为，在特定的区域内和环境中地形、水体、植物、建筑和道路的有机结合。因此，筑山、理水、植物配置、建筑营造和道路修建便理所当然地成为风景园林营建的五项重要内容。这五项工作都需要通过物质材料和工程技术去实现，所以它是一种社会物质产品。

地形、水体、植物、建筑和道路这五个要素经过人们按照艺术法则、审美需求有意识地搭配，组合成有机的整体，营造出具有艺术美的风景园林景观，给予人们美的享受和陶冶情操。就此意义而言，风景园林又是一种艺术创作。

风景园林艺术不同于音乐、绘画、雕塑等其他艺术，它具有实用价值，其建设需要投入一定的人力、物力和资金。它的建设过程涉及土方工程、水景工程、道路工程、建筑工程、种植工程等各类工程技术。因此，风景园林也是一项建设工程。

空间环境是风景园林的重要特征，而且这个环境应当适宜人们停留，同时也适合成为各类动物的栖息地，有着清新的空气、浓密的植被。因此，风景园林具备良好的生态环境。

总之，风景园林是艺术化、具有良好生态性的空间环境，是工程学、艺术学和生态学的综合体。

## 三、风景园林与社会

### （一）社会生产方式对风景园林的影响

随着人类文明的发展和进步，社会生产方式也在不断地发生变化，作为具有物质性和工程性的园林也相应地在发生变化。

在古代以农业为主要生产方式的时期，风景园林从萌芽到成型，经历了由具有生产功能的囿、圃到艺术性风景园林的过渡；组成要素从单一的利用自然地形、果树栽植、建筑营造，过渡到了以人工塑造地形、观赏植物栽植等多要素的综合。近代，工业革命之后，社会生产方式发生了重大变化，社会生产脱离自然限制并形成聚集的工厂群，人们往此集中，出现了大规模的工业城市。生活在城市的人们迫切需要接近自然环境，这时开放的风景园林——公园产生了。

1. 巴比伦王国（今伊拉克）：空中花园（Hanging Garden）

空中花园建于公元前 6 世纪，是一座大约 110m 高的尖塔状假山，顶上有殿宇、树丛和花园。山边种植层层花草树木，人工将水引上山，做成人工溪流和瀑布，远观好似将庭园置于空中（图 1-1）。

图 1-1　巴比伦空中花园想象图

2. 法国：凡尔赛宫（Versailles）

凡尔赛宫是世界最大宫园之一，法国国王路易十四于 1661 年开始营建，历时百年。面积 1500hm²，十字形水渠构成轴线，喷泉 1400 座，按几何图形布局（图 1-2）。

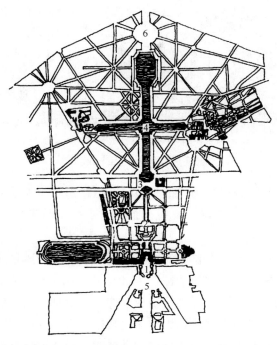

1—宫殿主体建筑；2—拉通娜喷泉水池；3—阿波罗水池；4—大运河；5—宫殿前广场；6—皇家广场；7—王之池。

图 1-2　凡尔赛宫平面图

3. 中国：颐和园

位于北京的颐和园是清朝皇帝与后妃们经常居住、游乐和处理政务的地方，是多功能结合的皇家宫苑。分为宫区、山区和湖区三大部分，总面积达 4300 多亩（1 亩 ≈ 666.67 平方米），水面占 3/4，陆地占 1/4（图 1-3）。

4. 美国：中央公园（Central Park）

位于纽约的中央公园建于 1858 年，是美国第一个城市公园，面积 5000 多亩。规划为自然式布局，将草坪、树丛、湖沼和山丘相结合，为城市居民提供了一个具有浓厚田园风味的游憩场所（图 1-4）。

**（二）社会意识、民族文化对风景园林的影响**

在阶级社会中，统治阶级的思想意识总是居于主导地位，园林作为统治阶级的物质财富和精神财富，必然会受到其思想意识的影响。

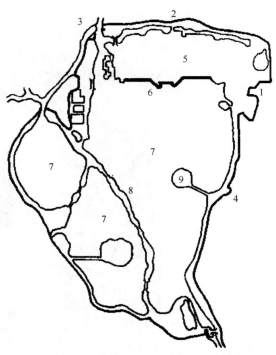

1—东宫门；2—北宫门；3—西宫门；4—新宫门；
5—万寿山；6—长廊；7—昆明湖；8—西堤；9—南湖岛。

图 1-3　颐和园平面图

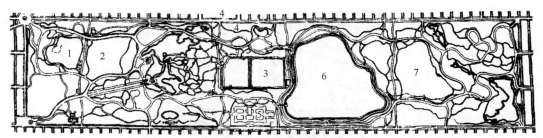

1—球场；2—草地；3—贮水池；4—博物馆；5—游憩场地；6—新贮水池；7—北部草地。

图1-4　中央公园平面图

社会制度的变革，常常是以一场曲折激烈的思想意识斗争为前奏，有时还会波及文化艺术的各个领域。18世纪欧洲浪漫主义思潮的兴起，使得欧洲整体的园林形式开始从古典园林向自然风景园林转变。

民族或地区的文化特征都是在长期的社会发展中形成的，风景园林反映的是不同民族各个时期的社会意识形态和民族文化特征（图1-5）。中国传统园林诞生在东方文化、儒家、道家和神仙思想的沃土中，并且深受绘画、诗词的影响。东方的哲学思想和文化造就了中国古典园林自然式写意山水园的思想和文化基础；而西方传统园林深受西方古典美学思想的影响。早在公元前6世纪，毕达哥拉斯学派就试图从数学上找出美的关系，著名的黄金分割最早就是由这个学派提出来的，这种美学思想一直统领欧洲美学思想几千年，欧

(1) 法国凡尔赛宫雕塑　　　　(2) 美国中央公园雕塑

(3) 中国天安门广场雕塑　　　　(4) 中国留园置石

(5) 法国维康府邸　　　　(6) 中国网师园

图1-5　园林的民族性和地域性

洲古典园林的风格正是在这种"唯理"美学思想下逐步形成的。雕塑是西方园林中的重要组成部分，它的创作题材常常是以人物为主。在中国传统园林中，雕塑的题材主要是动物或自然山石景观，且数量较少。强调园林主题，一般多采用题名的方式，如匾额、楹联等。园林的总体布局，欧洲采用中轴线对称的几何式布局，以规整的水池和植物为特色；而中国传统园林采用自然式布局，以曲线的水体、道路和成丛的植物景观为特色。

**（三）不同地域的自然条件对风景园林的影响**

不同地域的自然条件对风景园林的形成和发展也有一定影响。气候条件和自然资源的限制尤为明显，使得各地域的园林在形式、艺术风格等方面无不表现出自己的特点。

风景园林与周围自然环境的结合，造成了丰富多彩的地方特色，即使在同一国家或民族内，处于不同地区的风景园林也会表现出不同的风貌（图1-6）。

(1) 北京颐和园知春亭　　(2) 苏州留园濠濮亭

(3) 广州烈士陵园三角亭

图 1-6　风景园林的地方性

# 第二节　风景园林的基本构成要素

## 一、地　　形

"地形"是"地貌"的近义词，是指地球表面三维空间的起伏变化。简而言之，地形就是地表的外观。地形是构成园林的载体，是园林设计最重要也是最常用的因素之一。

就风景区范围而言，地形包括如下复杂多样的类型：山谷、高山、丘陵、草原以及平原。这些地表类型一般称为"大地形"。从风景园林范围来讲，地形包含土丘、台地、斜坡、平地，或因台阶和坡道所引起的水平面变化的地形。这类地形统称为"小地形"。起伏最小的地形称作"微地形"，它包括沙丘上的微弱起伏或波纹，以及道路上石头和石块的不同质地变化（图1-7）。

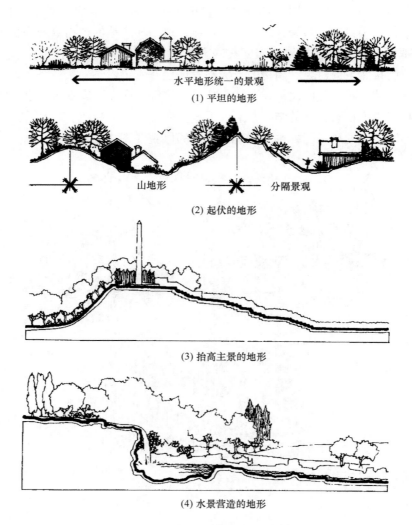

(1) 平坦的地形

(2) 起伏的地形

(3) 抬高主景的地形

(4) 水景营造的地形

图1-7　地形组织景观

　　风景园林的创意因势而立，选定景点、修路、架桥、建亭，加工的余地也随之丰富。人造环境往往是对自然的环境加以模仿，中国古典园林的重要手段之一就是筑山，追求与自然景致的相似。位于颐和园的万寿山山腰上的佛仙阁，在广阔的昆明湖的衬托下形成了一种控制感，象征着至高无上的皇权（图1-8）。西方的园林则多利用原始地貌。意大利是山地较多的国家，其古典园林对山峦地形的改造往往限于将山地修筑成明显层次的平台地，进而在平整的平台上再创造（图1-9）。无论哪种方法，都在利用地形的高低变化，形成总体空间的起伏韵律，产生空间的层次。错落的层次产生无穷的变化。地形的利用、取舍、塑造，构成了风景园林的重要环节。

图 1-8 颐和园的万寿山

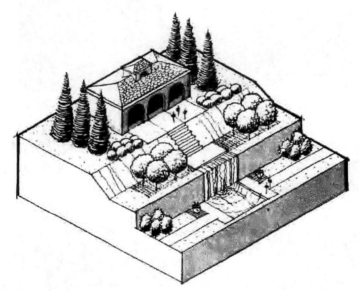

图 1-9 意大利的台地园

## 二、水 体

水是风景园林中另一个自然设计因素。一方面，水不只是富有高度可塑性和弹性的设计元素，丰富的水景设计带给人不同的空间感受和伤感体验；另一方面，在水景设计中可充分利用水的各种特性，如不同深度水色的变化、水面的反光、倒影、水声等，再结合周围的环境综合考虑，使园林环境增加活力和乐趣。

一般而言，可分为静态水和动态水两种类型。静态水包括湖、池、塘、潭、沼泽；动态水包括江、河、渠、溪、瀑布和喷泉等。水体中还可形成洲、岛、堤等地貌。

水景设计中的水体有平静的、流动的、跌落的和喷涌的四种基本形式（图 1-10）。平静的水体属于静态水景，给人以安静、明洁、开朗或幽深的感受；流动的、跌落的和喷涌的水体属动态水景，给人以变幻多彩、明快、轻松之感，并具有听觉美。

在利用天然水域和人工制造的各种水体中，因环境不同而水体的形态不尽相同。但不管地域环境如何变化，几乎所有园林不可没有水体，大以湖、小以池，不具备天然条件的便可截流引水，通过总体构思形成一个水系，与地貌形成刚柔相济的融合。中国园林称治水为理水，山嵌水抱是其最基本的形式，如北海公园水体（图 1-11）。西方园林凡园必有

(1) 平静的水面　　　　　(2) 流动的水体

(3) 跌落的水体　　　　　(4) 喷涌的水体

图 1-10　水体的四种基本形式

泉池，而且多是人为创造的喷泉、水渠等，呈规则的几何式形状，如凡尔赛宫水体（图 1-12）。水可滋润万物，呈现柔性的景观；流动的水体可以生成导向，产生变幻；清澈的倒影与季节的更替相得益彰。

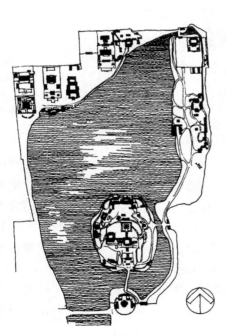

图 1-11　北海公园水体

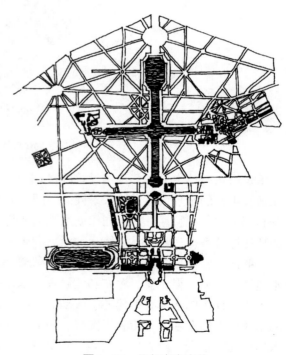

图 1-12　凡尔赛宫水体

## 三、植　物

以植物为素材进行风景园林创造是风景园林设计所特有的。树木、花卉、草坪遍及风景园林的各个角落。由于植物是有生命的设计要素，可使风景园林呈现色彩绚丽的景象；植物也可以遮阳、造氧，使空气湿润清新；植物还可以保持水土，有利于长久地维持良好的生态环境。在风景园林中，植物还有景观造型的作用，可以成为林荫道、灌木墙而富于实用功能，花木可供游人观赏，植物的四季色彩变化更增添了风景园林的魅力（图1-13、图1-14）。由于植物种类极为丰富，体态造型千差万别，因而使其成为风景园林立体设计构思的基本手段之一。

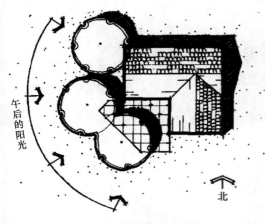

图1-13　庭荫树遮挡阳光

图1-14　大乔木作庭院的主景

## 四、建筑和小品

风景园林建筑在风景园林中起到画龙点睛的作用，它具有使用和造景双重作用。风景园林建筑的形式和种类是非常丰富的，常见的有亭、廊、水榭、花架、塔、楼、舫等。

风景园林建筑在布局中应注意首先满足使用功能的要求，其次满足造景的需要。当然，还应使建筑室内外相互渗透、与自然环境有机融合，同时还应注意功能与景观的协调（图1-15）。

图1-15　位于山地上的合肥环城公园庐阳亭

除一般的风景园林建筑外，风景园林中还分布不少风景园林小品，它们具有体量小、数量多、分布广的特点，并以丰富多彩的内容与轻巧美观的造型，在风景园林中起到点缀环境、丰富景观、烘托气氛、加深意境等作用。同时本身又具有一定的使用功能，可满足一些游憩活动的需要，因而风景园林小品成为风景园林中不可缺少的组成部分。常见的风景园林小品有景门、景墙、景窗、园灯、栏杆、标志牌、雕塑小品等（图1-16）。

图1-16　常见园林小品

以人为本是园林的宗旨，与人们关系密切的各种建筑在风景园林中往往都会以主体形象出现。同时建筑的风格特征最能体现风景园林的特征，最易给人留下深刻的印象。建筑的造型，建筑与围墙所形成的院落，建筑的空间分隔，建筑的门窗、柱廊等大量的局部处理，建筑与环境协调、过渡等，这些成为园林设计中最复杂的过程。

## 五、道　　路

道路是风景园林的脉络，是游人在风景园林中活动的基本途径，往往会形成流畅的循环系统。道路有分隔空间、划分区域的作用，以道路形成界限。道路是联系与连接山体、水体、建筑的纽带，使它们成为一个紧密的整体。道路能够引导游人游览，成为组织游览的媒介。道路的种类丰富、造型呈线型状态、视觉上有流动的感觉，增添了风景园林布局的活力。道路随地形的变化而转折，有规整的、自然的，再加上铺装的纹样与色彩，因此具有很强的观赏性。道路与其他元素衔接，有时呈现广场的状态，形成与不同造型环境、功能区域的过渡（图1-17）。

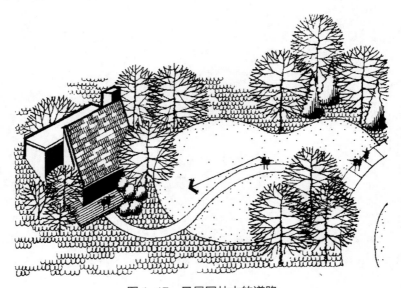

图1-17　风景园林中的道路

## 第三节　风景园林与相关学科

风景园林是综合性的艺术，所涉范围、内容以及学科领域都十分广阔。例如：风景园林本身所含的造园学，风景园林建筑与建筑学，园林植被与植物学、树木学、花卉学、生物学，风景园林工程与机械、电力，风景园林设计与美学、绘画、雕塑、书法、文学、诗词，风景园林与生态学、地质、地理、土壤、水文，风景园林与社会学、心理学以及历史、民族、宗教等均密不可分。

风景园林具体涉及的点可能有所侧重，但作为风景园林设计师对上述多学科都应有所了解。有了广博的知识作为基础，才可能使设计更合理、更完美，从而达到较高的水平。

# 风景园林制图的基本知识和规范

## 第一节　制图仪器、工具及其使用

学习绘图，首先要了解和熟悉绘图仪器和工具（图 2-1）的性能、特点、使用方法和维护保养知识以保证绘图质量，提高绘图效率，延长它们的使用寿命。

### 一、图　　纸

绘制不同的图，需选用不同的纸张。纸以其密度与厚度的不同来区分，"克数"较高的纸密度大、性能好，常用的图纸有绘图纸、水彩纸、硫酸纸、草图纸、复印纸等。

（一）绘图纸

绘图纸表面光滑、密实，着墨后线条光挺、流畅、美观。由于绘图纸基本不具备吸水能力，因此不易着水彩、水粉色。一般纸的两面都可以使用。绘图纸适宜描绘墨线设计图。

（二）水彩纸

水彩纸最大的特点是便于画墨线又便于着色，质地厚的同时又有较强的吸水性能，水彩画法、水粉画法以及墨线黑白都可以表现。水彩纸一面较光滑，一面纹理突出有粗糙感，粗的一面适合水彩画，可以得到很好的沉淀效果；细的一面则常用于着色的设计图，其墨线仍可以达到较为流畅的效果。

（三）硫酸纸

硫酸纸具有透明性，常用其拷贝设计图和晒工程图，也可用作描绘草图。在绘制墨线图，用马克笔上色时，具有特殊的效果。使用硫酸纸时需避免沾水，否则会产生收缩和褶皱的不良效果。

（四）草图纸

草图纸柔软、半透明，有一定的韧性，可覆盖在已绘图的表面进行勾画、摹写，作草图时易于拼接改动。

（五）复印纸

复印纸为书写字体、练习钢笔画所使用，常用 A4 型号。

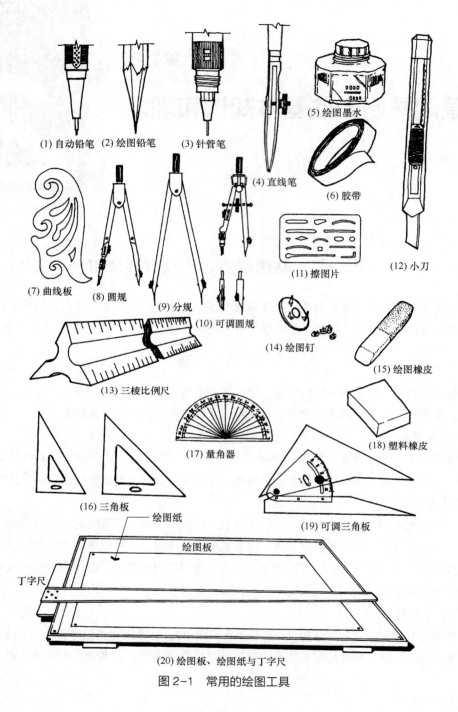

(1) 自动铅笔 (2) 绘图铅笔 (3) 针管笔

(4) 直线笔

(5) 绘图墨水

(6) 胶带

(7) 曲线板 (8) 圆规

(9) 分规

(10) 可调圆规

(11) 擦图片

(12) 小刀

(13) 三棱比例尺

(14) 绘图钉

(15) 绘图橡皮

(17) 量角器

(18) 塑料橡皮

(16) 三角板

绘图纸

(19) 可调三角板

绘图板

丁字尺

(20) 绘图板、绘图纸与丁字尺

图 2-1　常用的绘图工具

## 二、图板和丁字尺及三角板

### （一）图板

图板是制图中最基本的工具，通常用质地较软的木材制成。有 0<sup>#</sup>（1200mm×900mm）、1<sup>#</sup>（900mm×600mm）和 2<sup>#</sup>（600mm×450mm）三种规格，制图时应根据图纸大小选择相应的图板。

普通图板由框架和面板组成，其短边称为工作边，面板称为工作面。图板板面要求平整、软硬适度；板侧边要求平直，特别是工作边更要平整。因此，应避免在图板面板上乱刻乱划、加压重物或在阳光下暴晒。

图板放在绘图桌上，板身略微倾斜，与水平面倾斜角约20°。固定图纸要用胶带纸粘贴。图板长期不用时应竖直存放。

### （二）丁字尺

丁字尺又称T形尺，通常用有机玻璃制成，分1200mm、900mm、600mm三种规格。它由互相垂直的尺头和尺身组成，尺身上有刻度的一侧称为丁字尺的工作边。工作边必须保持平直、光滑、刻度清晰准确，不得用工作边裁图纸，以免划伤工作边。丁字尺主要用来画水平线或配合三角板作图，为了保证所画线条的质量，作图时应左手把握尺头，使它紧贴图板左边；作过长的水平线时需用左手辅助以固定尺身（图2-2），不得用丁字尺的尺头紧靠图板右侧、下侧、上侧边画线，也不得用丁字尺的非工作边画线；另外，应尽量避免用丁字尺靠近图板的上、下边作图（图2-2）。

丁字尺的基本用法如图2-3所示；丁字尺用于作一般直线（图2-5），使用完毕后丁字尺应挂放或平放，不能倾斜放置或加压重物。

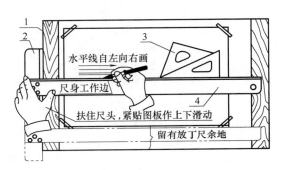

1—左导边；2—尺头；3—三角板；4—丁字尺。

图2-2　丁字尺、图板、图纸的放置

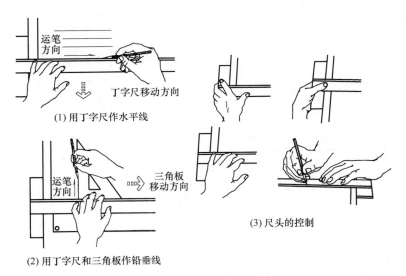

(1)用丁字尺作水平线

(2)用丁字尺和三角板作铅垂线

(3)尺头的控制

图2-3　丁字尺的基本用法

### （三）三角板

三角板有45°、60°两种。三角板与丁字尺配合使用可作垂线及一些常见角度的斜线（图2-4）。一般的平行线组和垂线既可与丁字尺配合绘制（图2-5）也可用三角板绘制（图2-6）。

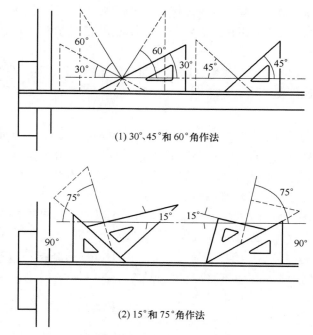

(1) 30°、45°和 60°角作法

(2) 15°和 75°角作法

图 2-4    常见角度的斜线画法

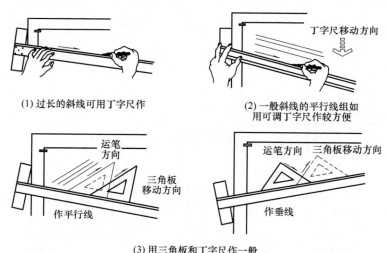

(1) 过长的斜线可用丁字尺作

(2) 一般斜线的平行线组如用可调丁字尺作较方便

(3) 用三角板和丁字尺作一般位置的平行线和垂直线

图 2-5    用丁字尺作一般直线

使用三角板作图时应注意保护好有刻度的工作边和端部的角。

丁字尺和三角板的错误用法如图 2-7 所示。

# 三、绘　图　笔

## （一）绘图铅笔

绘图铅笔有木铅笔和自动铅笔两种（图 2-8）。自动铅笔有固定的笔径，一般有 0.3mm、0.5mm、0.7mm 等型号。

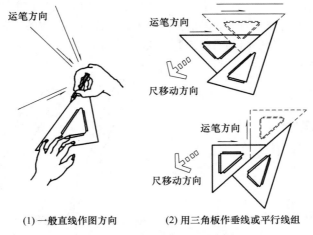

(1) 一般直线作图方向　　　(2) 用三角板作垂线或平行线组

图2-6　用三角板作一般直线

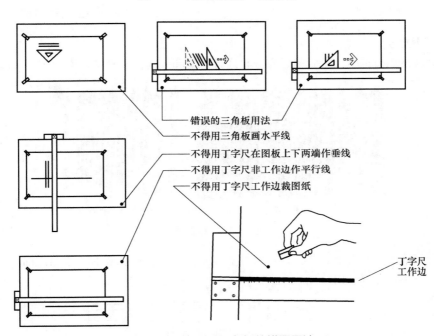

错误的三角板用法
不得用三角板画水平线
不得用丁字尺在图板上下两端作垂线
不得用丁字尺非工作边作平行线
不得用丁字尺工作边裁图纸

丁字尺
工作边

图2-7　丁字尺和三角板的错误用法

　　铅芯有不同的硬度，用标号 B 或 H 表示，标号 B、2B、…、6B 表示软笔芯，数字越大笔芯越软；标号 H、2H、…、6H 表示硬笔芯，数字越大笔芯越硬；标号 HB 表示软硬度适中。绘底稿时一般用 H 或 HB，徒手作图时可用 HB 或 B，加深粗图线一般用 B 或 2B，2B 以上的铅笔可用于素描。

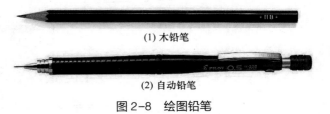

(1) 木铅笔

(2) 自动铅笔

图2-8　绘图铅笔

　　为了保证所绘线条的质量，尽量减少铅芯的不均匀磨损，在作图前要将铅笔削尖，并使笔芯保持 5mm 左右的长度（图 2-9），在绘制线条过程中将笔向运笔方向稍倾斜，并在运动过程中轻微地转动铅笔，使笔芯能相对均匀的磨损。另外还要注意，因线条还会产生深浅变化，为了使同一条线深浅一致，在作图时用力应均匀，保持平稳的运笔速度。铅笔的运笔方向：水平线从左至右，垂线从下至上（图 2-10）。

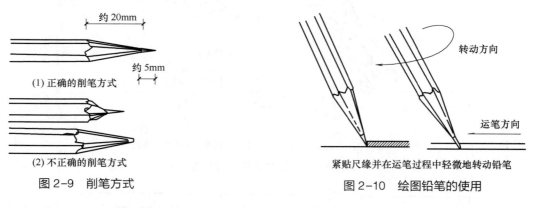

图 2-9　削笔方式

图 2-10　绘图铅笔的使用

## （二）墨线笔

现在画墨线已普遍运用针管笔。它分普通针管笔和一次性针管笔两类（图 2-11）。

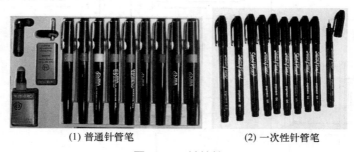

(1) 普通针管笔　　(2) 一次性针管笔

图 2-11　针管笔

普通针管笔头中间有金属芯，以管的内壁直径为型号，有从 0.1mm 到 1.2mm 十几种粗细的型号，可上墨水反复利用（图 2-12）。

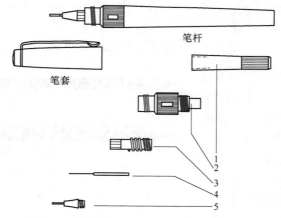

1—笔胆；2—握笔部分；3—连接件；4—重针；5—针管。

图 2-12　针管笔的组成

一次性针管笔是根据笔径的大小分不同的粗细类型，有 0.1~1.2mm 等粗细的型号，不用清洗，使用方便。

针管笔以及它的连接件可以和圆规组合绘制圆弧形的墨线条（图 2-13）。

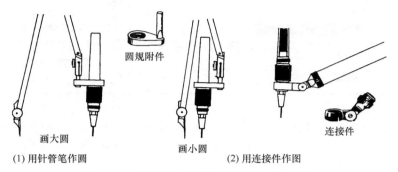

(1) 用针管笔作圆　　　　　　　　(2) 用连接件作图

图 2-13　针管笔与圆规附件的组合使用方法

### （三）彩色铅笔与马克笔

彩色铅笔、马克笔可以快捷地表现简单的色彩效果。

彩色铅笔（图 2-14）有普通彩色铅笔和水溶性铅笔两类。水溶性铅笔色彩亮丽，与水结合有水彩效果。

马克笔（图 2-15）是近十几年来广泛使用的彩色笔，有油性与水性之分，绘图中运用油性笔。马克笔有尖形笔和扁平笔，扁平笔尖可画宽线。由于笔画的重叠和叠加，会产生装饰感、程式化的效果，加上马克笔普遍有色泽鲜艳的特点，更适合快捷简易的表现方法。

图 2-14　彩色铅笔

图 2-15　马克笔

## 四、绘　图　仪

绘图仪包括圆规及其附件、分规、直线笔以及油石、铅针筒等附件。一般的制图工作，用套件装的绘图仪就能满足（图 2-16）。部分绘图工具介绍如下。

### （一）圆规

圆规是用来作圆或圆弧的工具，有大小圆规、弹簧圆规和小圈圆规三种。弹簧圆规的规脚间有控制规脚分度的调节螺丝，便于量取半径，但所画圆的大小受到限制。圆规铅芯不应削成

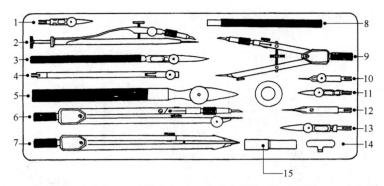

1—墨线规脚；2—小圈圆规；3—直线笔；4—圆规套杆；5—大号直线笔；6—大圆规；7—大分规；8—直线笔笔杆；
9—弹簧圆规；10—分规脚；11—墨线规脚；12—大圆规分规脚；13—大圆规墨线规脚；14—起子；15—铅芯和针芯筒。

图2-16　绘图仪

长锥状，而应用细砂纸磨成单斜面状，使铅芯磨损相对均匀（图2-17）。小圈圆规是专门用来作半径很小的圆或圆弧的工具。用圆规作圆时应按顺时针方向转动圆规，规身略向前倾（图2-18），并且画大圆时应尽量使圆规的两个规脚尖端同时垂直于图面［图2-18（3）］。当圆的半径过大时，可在圆规规脚上接上套杆作圆［图2-18（4）］。当作同心圆或同心圆弧时，应保护圆心，先作小圆，以免圆心扩大后影响准确度。圆规既可作铅线圆，也可作墨线圆。

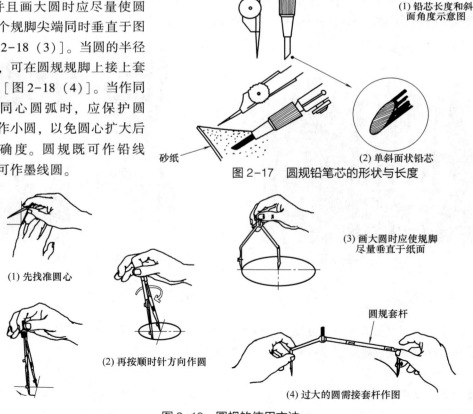

(1) 铅芯长度和斜
面角度示意图

砂纸

(2) 单斜面状铅芯

图2-17　圆规铅笔芯的形状与长度

(1) 先找准圆心

(2) 再按顺时针方向作圆

(3) 画大圆时应使规脚
尽量垂直于纸面

圆规套杆

(4) 过大的圆需接套杆作图

图2-18　圆规的使用方法

### （二）分规

分规是用来截取线段、量取尺寸和等分直线或圆弧的工具（图2-19）。普通的分规应不紧不松、容易控制。弹簧分规有调节螺丝，能够准确地控制分规规脚的分度，使用方便。用分规截量、等分线段或圆弧时，应使两个针尖准确地落在线条上，不得错开。

### （三）比例尺

比例尺是用来度量在某比例下图上线段的实际长度，或将实际尺寸换算成图上尺寸的工具。比例是图上距离与实际距离之比，值越大比例就越大。相同物体用不同比例绘制时，比例越大，图上的尺寸就越大。当按1∶1绘制时，图上所画尺寸与原物尺寸相同，为"足尺"。三棱形比例尺较常用（图2-20），其尺身上标有6种比例（1∶100、1∶200、…、1∶600，如图2-21所示）。作图时应

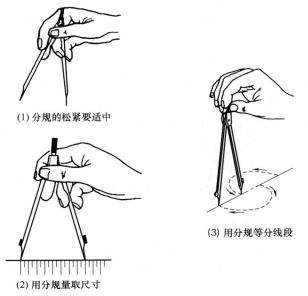

(1) 分规的松紧要适中

(3) 用分规等分线段

(2) 用分规量取尺寸

图2-19 分规的使用方法

选择合适的比例，既要保证图纸内容清晰，又要便于携带和使用。

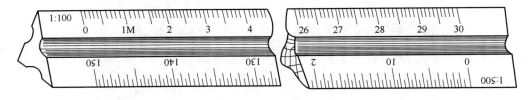

图2-20 三棱比例尺

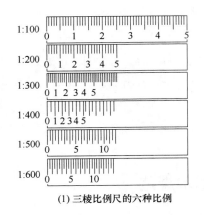

(1) 三棱比例尺的六种比例

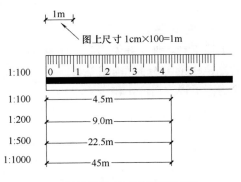

图上尺寸 1cm×100=1m

(2) 比例尺寸与实际距离的关系

图2-21 比例尺的使用方法

## （四）曲线板

曲线板是描绘作圆曲线的常用工具。曲线板使用见图 2-22 时，首先求得曲线上若干点，再把已求出的各点徒手轻轻勾描出曲线。然后选用曲线板适当部位，让其与所绘曲线上至少 4 个点相吻合，再沿着曲线板的边缘自第 1 点起绘至第 3、第 4 点的中间，继续移动曲线板，使它与曲线上自第 3 点起至第 6 点吻合，再接的段绘到第 5、第 6 点中间，如此延续直到绘完整段曲线。

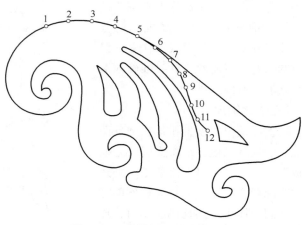

描绘对称曲线时，则应自顶点一小段开始。对称地使用曲线板的同一段曲线描绘对称部。

图 2-22 曲线板及其使用方法

## （五）绘图模板

绘图模板，主要用来绘各种建筑标准图例和常用符号。模板上刻有一定比例的标准图例和符号，如柱、墙、门开启线、厕具、污水盆、详图索引符号、标高符号等（图 2-23）。绘图时，只要直接用笔在孔里绘一周，图例或符号就绘出来了。

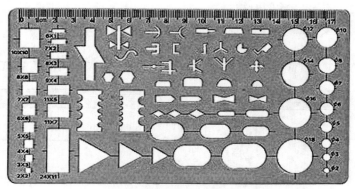

图 2-23 绘图模板

## （六）其他绘图用具

除了上述工具之外，在绘图时，还需要准备测量角度的量角器、擦图片（修改图线时用它遮住不需要擦去的部分）、削铅笔刀、橡皮，和固定图纸用的塑料胶纸、砂纸（磨铅笔用），以及清除图画上橡皮屑的小刷等。

# 第二节 制图的基本规范

工程图样是指导生产和进行技术交流的工程语言，为了使工程图样统一，必须对图样的表达方法、尺寸标注、所用符号等制定统一的规定。为此，住房和城乡建设部发布 CJJ/T 67—2015《风景园林制图标准》。本节介绍国家标准中关于图幅、图线、字体、尺寸标注等的有关规定。

## 一、图纸幅面和格式

图纸的幅面是指图纸的尺寸大小（图 2-24、图 2-25）。为了便于图样的装订、管理和交流，国家标准对图纸幅面的尺寸大小作了统一规定。绘制技术图样时应优先采用表 2-1 中所规定的基本幅面。必要时，可选用加长幅面。但加长的尺寸必须符合 GB/T 14689—2008《技术制图 图纸幅面和格式》的规定。

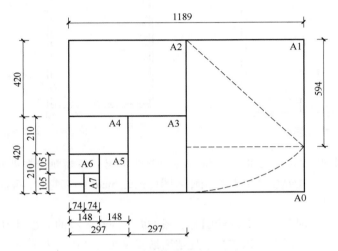

图 2-24 图纸标准尺寸（单位：mm）

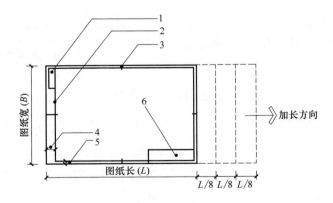

1—会签栏；2—图框线；3—对中线；4—装订边（a）；5—非装订边（c）；6—图标题栏。

图 2-25 图纸幅面

同一个专业所用的图纸，不宜多于两种幅面。目录及表格所采用的 A4 幅面不在此限。图纸以短边作垂直边称为横式，以短边作水平边称为立式。一般 A0~A3 图纸宜横式使用（图 2-26）；必要时，也可立式使用（图 2-27），如 A4 幅面。

表 2-1 图纸的幅面及图框尺寸 单位：mm

| 图纸尺寸 | A0 | A1 | A2 | A3 | A4 |
|---|---|---|---|---|---|
| B×L | 841×1189 | 594×841 | 420×594 | 297×420 | 210×297 |
| c | | 10 | | | 5 |
| a | | | 25 | | |

注：$B$ 为图纸宽度；$L$ 为图纸长度；$c$ 为非装订边各边缘到图框线的距离；$a$ 为装订宽度；横式图纸左侧边缘，竖式图纸上侧边缘到图框线的距离。

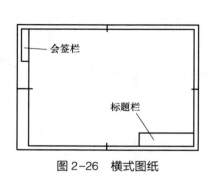

图 2-26　横式图纸

图 2-27　竖式图纸

对需要缩微复制的图纸，为了便于定位，各号图纸均应在各幅面线中点处画出对中符号。其线宽不小于 0.5mm，长度从纸边界开始至伸入图框内约 5mm。当其处在标题栏范围时，则伸入标题栏部分省略不画。

使用预先印制的图纸时，为了明确绘图与看图方向，应在图纸的下边对中符号处画出一个标准规定的方向符号。必要时，可以按标准规定用细实线在图纸周边内画出分区。

对于用作微缩摄影的原件，可在图纸的下边设置不注尺寸数字的米制参考分度。米制参考分度用粗实线绘制，线宽不小于 0.5mm，总长为 100mm，等分为 10 格，格高为 5mm。对称地配置在图纸下边的对中符号两侧（图 2-28）。

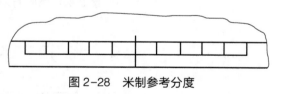

图 2-28　米制参考分度

## 二、图纸标题栏及会签栏

图纸的标题栏简称"图标"，放在图纸的右下角，其格式、尺寸及内容见图 2-29、

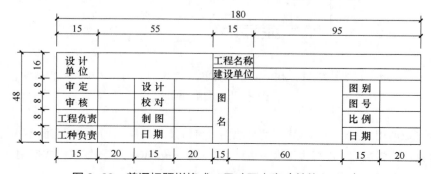

图 2-29　普通标题栏格式、尺寸及内容（单位：mm）

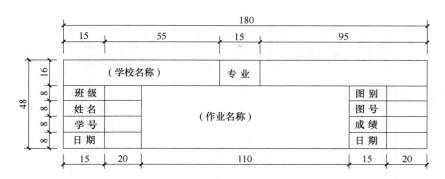

图 2-30　作业标题栏格式、尺寸及内容（单位：mm）

图 2-30。对涉外工程的图标应在内容下方附加外文译文，设计单位名称上面应加"中华人民共和国"中文字样。

　　会签栏在图幅的位置如图 2-26、图 2-27 所示。会签栏按图 2-31 所示格式用细实线绘制。栏内填写会签人员的专业、姓名、日期（年、月、日），若一个会签栏不够用可另加一个，两台签栏应并列。不需会签的图纸可不设会签栏。

　　在绘制图框、标题栏和会签栏时还要考虑线条的宽度等级。图框线、标题栏外框线、标题栏和会签栏分格线应分别采用粗实线、中粗实线和细实线，线宽详见表 2-2。

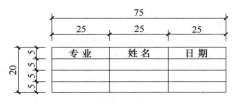

图 2-31　会签栏（单位：mm）

表 2-2　　　　　　　　　　图框、标题栏和会签栏的线条宽度　　　　　　　　　　单位：mm

| 图纸尺寸 | 图框线 | 标题栏外框线 | 栏内分隔线 |
| --- | --- | --- | --- |
| A0、A1 | 1.4 | 0.7 | 0.35 |
| A2、A3、A4 | 1.0 | 0.7 | 0.35 |

## 三、图纸版式与编排

### （一）规划图纸版式与编排

　　应在图纸固定位置标注图题并绘制图标栏和图签栏，图标栏和图签栏可统一设置，也可分别设置。图题宜横写，位置宜选在图纸的上方，图题不应遮盖图中现状或规划的实质内容。图题内容应包括项目名称（主标题）、图纸名称（副标题）、图纸编号或项目编号（图 2-32）。

### （二）设计图纸版式与编排

　　方案设计图纸的基本版式和编排应符合规划图纸版式与编排的规定。初步设计和施工图设计的图纸应绘制图签栏，图签栏的内容应包括设计单位正式全称及资质等级、项目名称、项目编号、工作阶段、图纸名称、图纸编号、制图比例、技术责任、修改记录、编绘日期等。初步设计和施工图设计图纸的图签栏宜采用右侧图签栏或下侧图签栏，可参考图 2-33 或图 2-34 布局图签栏内容。

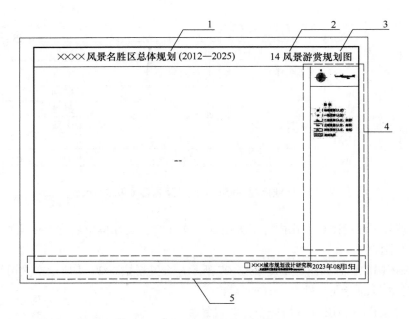

1—项目名称（主标题）；2—图纸编号；3—图纸名称（副标题）；4—图标栏；5—图签栏。

图 2-32　规划图纸版式示例

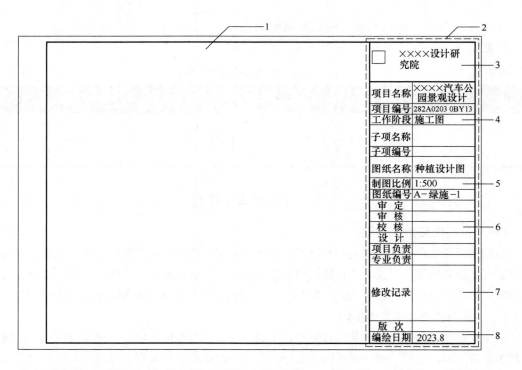

1—绘图区；2—图签栏；3—设计单位正式全称及资质等级；4—项目名称、项目编号、工作阶段；

5—图纸名称、图纸编号、制图比例；6—技术责任；7—修改记录；8—编绘日期。

图 2-33　设计图纸版式示例右侧图签栏

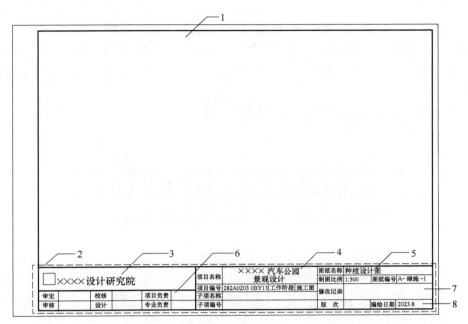

1—绘图区；2—图签栏；3—设计单位正式全称及资质等级；4—项目名称、项目编号、工作阶段；
5—图纸名称、图纸编号、制图比例；6—技术责任；7—修改记录；8—编绘日期。

图2-34　设计图纸版式示例下侧图签栏

# 四、字　　体

图纸上所需写的文字、数字、字母或符号等必须做到字体工整、笔画清楚、间隔均匀、排列整齐。

字体的大小用号数表示，分为20、14、10、7、5、3.5、2.5、1.8共8级。字体的号数就是字体的高度（单位：mm），字宽约等于字高的2/3。且汉字长仿宋体的某号字的宽度，即为小一号字的高度，如表2-3所示。

表2-3　　　　　　　　　　　　　字号尺寸及适用范围

| 字号（即字高） | 20 | 14 | 10 | 7 | 5 | 3.5 |
|---|---|---|---|---|---|---|
| 字宽 | 14 | 10 | 7 | 5 | 3.5 | 2.5 |
| 适用范围 | 20号、14号大题或封面标题 | 10号、7号各种图的标题 | 5号、3.5号<br>(1)详细的数字标题<br>(2)标题的比例数字<br>(3)剖面代号<br>(4)图标中部分文字<br>(5)一般文字说明 | | | |
| | | | 7号、5号<br>(1)表格的名称<br>(2)详图及附注的标题 | | | 3.5号<br>尺寸标高<br>及其他数字 |

注：如需要书写更大的字，其高度应按比例递增。

### （一）汉字

图样上的汉字应写成长仿宋体，并应采用国家正式公布推广的简化字。

长仿宋体字的特点：横平竖直、起落分明、结构均匀、填满方格（图 2-35 至图 2-37）。工程图样上书写的汉字，其字高应不小于 3.5mm，阿拉伯数字。拉丁字母、罗马数字应不小于 2.5mm。

长仿宋体的基本笔画及其写法，具体如表 2-4 所示。

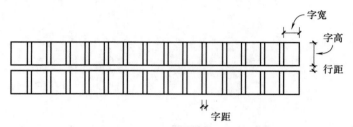

图 2-35　长仿宋体书写字格

门窗基础地层楼板梁桩墙厕浴标号
制审定日期一二三四五六七八九十

图 2-36　长仿宋体字示例

表 2-4　　　　　　　　　　　　　　长仿宋体字书写方法

| 笔画 | 外形 | 运笔方法 | 写法要领 | 字例 |
|---|---|---|---|---|
| 横 | 一　一 | | 稍向右上方斜，起笔露笔锋，收笔呈棱角，笔画挺直 | 三　兰　万 |
| 竖 | 丨　丨 | | 起笔露笔锋，收笔在左方呈棱角，与横画等粗 | 山　川　中 |
| 撇 | 丿　丿 | | 起笔露锋，收笔尖细，上半部弯小，下半部弯大 | 竖撇 厂　斜撇 义　平撇 千 |
| 捺 | 乀　乀 | | 起笔微露锋，向右下方，作一渐粗的线，脚近似一长三角形 | 斜捺 又　平捺 迁　顿捺 八 |
| 点 | 丶丶　丶丶 | | 起笔尖细，落笔重，似三角形 | 左斜点 心　右斜点 六　挑点 江 |
| 挑 | 一　一 | | 起笔重顿落锋，笔画挺直向右上轻提，渐成尖端 | 拉　圩　红 |

续表

| 笔画 | 外形 | 运笔方法 | 写法要领 | 字例 |
|------|------|----------|----------|------|
| 钩 | ↓ ↓ | | 上部同竖笔画,末端向左上方作钩,其他方向钩的写法见右例 | 左弯钩 狂　右弯钩 戈　竖平钩 化 |
| 折 | ㇉ ㇁ | | 横竖两笔画的结合,转角露锋,呈三角形 | 图　乙　页 |

# 园林设计图常用仿宋字

风景园林设计城市环境规划掇山理水建筑
观赏植物树木花卉草丛绿地峰峦丘壑崖岭
湖地河溪涧泉沟渠自然写意布局道路交通
空间序列街巷房屋亭台楼阁榭轩舫别墅庭
院廊桥方案选址结构工程基础梁桩墙身顶
篷门窗阶栅栏隔断挑檐家具匾联装饰雕塑
汀步小品声光电器照明给暖管线色彩质感
标准材料砖瓦灰沙岩石金属玻璃功能要素
概况总体介绍模型透视平立剖面图封闭开
敞过渡引伸呼应形式法则比例尺度对称均
衡节奏韵律层次和谐骨架分析重复渐变特
异虚实疏密高低曲直粗细积东南西北纵横

图 2-37　园林制图中常用的长仿宋字示例

**（二）数字和字母**

数字及字母在图纸上分直体和斜体两种，斜体字应向右倾斜，并与水平线成75°。数字和汉字同行书写时，其大小应比汉字小一级，且应用正体字。

英文字母、阿拉伯数字的笔画顺序与拉丁字母、数字和少数希腊字母的示例，如图 2-38、图 2-39 所示。

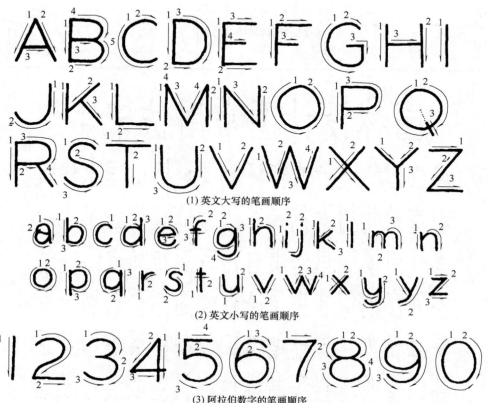

(1) 英文大写的笔画顺序

(2) 英文小写的笔画顺序

(3) 阿拉伯数字的笔画顺序

图 2-38　英文字母和阿拉伯数字的笔画顺序

图 2-39　拉丁字母、数字和少数希腊字母示例

# 五、图　线

**（一）线型的粗细**

图样中的图线线型，因用途不同其形式与粗、细也不一样。图线线型粗、细关系及用途如

表2-5所示。在绘图时，为反映园林工程图中的不同内容，分清主次，应根据表2-5中所述各种线型的作用和图的大小、类别，选用不同的线型和不同粗细的图线。

　　在工程图中图线的线宽互成一定的比例，见表2-5。绘图时，应根据图样的复杂程度和比例大小，先确定粗实线宽度 $b$，再选用适当的线宽组。

　　图线的宽度 $b$，可从下列线宽系列中选取：0.13mm、0.18mm、0.25mm、0.35mm、0.5mm、0.7mm、1.0mm、1.4mm、2.0mm，常用的 $b$ 值为 0.35~1.00mm。$b$ 值确定，也即粗实线宽被确定。而图中的中、细线的宽度，则按表2-5所规定的比例确定，即粗线、中粗线和细线的宽度比率为 4:2:1。由此所确定的每一组粗、中、细线的宽度，称为线宽组。

　　图纸的图框线和标题栏线的粗度，将随图纸幅面的大小而不同。可参照表2-2选用。

表 2-5　　　　　　　　　　　　　　　　线型

| 名称 | | 线型 | 线宽 | 用途 |
|---|---|---|---|---|
| 实线 | 粗 | —————— | $b$ | (1)园林建筑立面图<br>(2)平面图、剖面图中被剖切的主要建筑构造(包括构配件)<br>(3)园林景观构造详图中被剖切的主要部分的轮廓线<br>(4)构件详图的外轮廓线<br>(5)平、立、剖面图的剖切符号<br>(6)平面图中水岸线 |
| | 中 | —————— | $0.5b$ | (1)剖面图中被剖切的次要构件的轮廓线<br>(2)平、立、剖切图中园林建筑配件的轮廓线<br>(3)构造详图及构配件详图中的一般轮廓线 |
| | 细 | —————— | $0.25b$ | 尺寸线、尺寸界线、图例线、索线符号、标高符号、详图材料做法引出线等 |
| 虚线 | 粗 | — — — — — | $b$ | (1)新建筑物的不可见轮廓线<br>(2)结构图上不可见钢筋和螺栓线 |
| | 中 | – – – – – | $0.5b$ | (1)一般不可见轮廓线<br>(2)建筑构造及建筑构配件不可见轮廓线<br>(3)拟扩建的建筑物轮廓线 |
| | 细 | — — — — — | $0.25b$ | (1)图例线、小于 $0.5b$ 的不可见轮廓线<br>(2)结构详图中不可见钢筋混凝土构件轮廓线<br>(3)总平面图上原有建筑物和道路、桥涵、围墙等设施的不可见轮廓线 |

续表

| 名称 | | 线型 | 线宽 | 用途 |
|---|---|---|---|---|
| 单点长画线 | 粗 | | $b$ | 结构图中的支撑线 |
| | 中 | | $0.5b$ | 土方填挖区的零点线 |
| | 细 | | $0.25b$ | 分水线、中心线、对称线、定位轴线 |
| 双点长画线 | 粗 | | $b$ | （1）总平面图中用地范围，用红色，也称"红线"<br>（2）预应力钢筋线 |
| | 中 | | $0.5b$ | 见各有关专业制图标准 |
| | 细 | | $0.25b$ | 假想轮廓线、成型前原始轮廓线 |
| 折断线 | | | $0.25b$ | 不需画全的折断界线 |
| 波浪线 | | | $0.25b$ | 不需画全的断开界线、构造层次的断界线 |
| 加粗的初实线 | | | $1.4b$ | 需要画面上更粗的图线如建筑物或构筑物的地面线、剖切平面位置的线段等 |

## （二）绘图时对图线的要求

（1）同一图纸幅面中采用相同比例绘制的各视图，其同一类线型的图线粗细也应相同。

（2）图线不得与文字、数字或符号重叠、混淆，不可避免时，应首先保证文字等的清晰。

（3）点划线每一线段的长度应大致相等，为 2~3mm，且首末两端应为线段。

（4）虚线的线段应保持长短一致，为 3~6mm，线段间间距适宜，为 0.5~1mm。

（5）波浪线及折断线中的断裂处的折线可徒手画出。

（6）各种图线的衔接处或相交处应画成线段，而不应当是空隙。但若虚线在实线的延长位置时，虚线与实线间则以空隙分开，如表 2-6 所示。

表 2-6　　　　　　　　　图线交接画法正误对比

| 画法说明 | 图　例 | |
|---|---|---|
| | 正确 | 错误 |
| 两实线相交，应交于一点 | | |

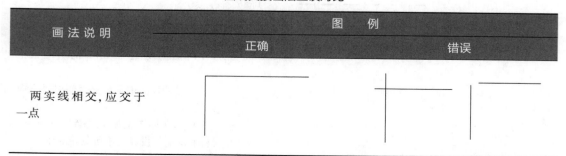

续表

| 画 法 说 明 | 图　　例 | |
| --- | --- | --- |
| | 正确 | 错误 |

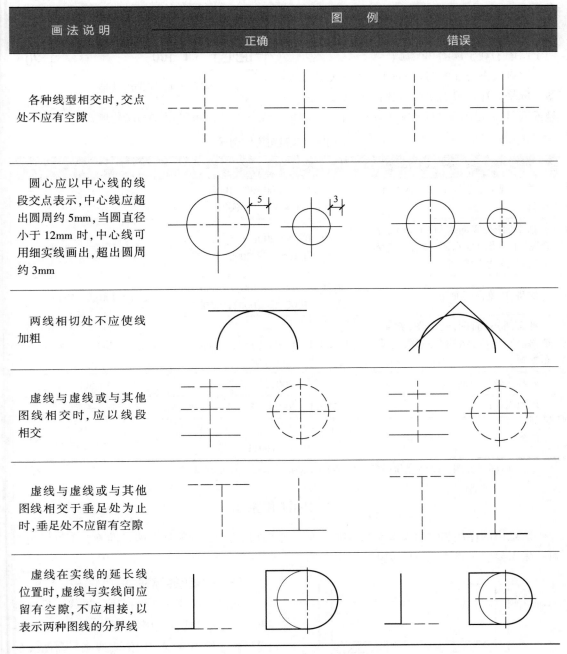

各种线型相交时,交点处不应有空隙

圆心应以中心线的线段交点表示,中心线应超出圆周约 5mm,当圆直径小于 12mm 时,中心线可用细实线画出,超出圆周约 3mm

两线相切处不应使线加粗

虚线与虚线或与其他图线相交时,应以线段相交

虚线与虚线或与其他图线相交于垂足处为止时,垂足处不应留有空隙

虚线在实线的延长线位置时,虚线与实线间应留有空隙,不应相接,以表示两种图线的分界线

# 六、比例和图名

工程制图中，为了满足各种图样表达的需要，有些需缩小绘制在图纸上，有些又需放大绘制在图纸上。因此，需对缩小和放大的比例作出规定。

图样的比例，是图形与实物相对应要素的线性尺寸之比。比例用阿拉伯数字来表示，如原值比例 1∶1、放大比例 5∶1、缩小比例 1∶5 等。

比例的大小，是指比值的大小，如 1：50 的比例大于 1：100。

工程图样的绘制应根据图样的用途和被给物体的复杂程度，按表 2-7 选择合适的绘图比例，以确保表示物体的图样精确和清晰，以便于绘图、利于读图和交流。

比例尺书写在图名的右侧，字的底线与图名取平。比例尺的字号应比图名字号小一号或两号，比例尺注写如图 2-40 所示。必要时，图样的比例可采用比例尺的形式。

**平面图** 1：100　③ 1：20

图 2-40　比例尺注写

表 2-7　　　　　　　常用比例尺及可用比例尺

| 图名 | 常用比例 | 必要时可用比例 |
|---|---|---|
| 总体规划、总体布置、区域位置图 | 1：2000,1：5000,1：10000,<br>1：20000,1：25000 | — |
| 总平面图,竖向布置图,管线综合图,土方图,排水图,铁路、道路平面图,绿化平面图 | 1：100,1：200,1：500,<br>1：1000,1：2000 | 1：2500,1：10000 |
| 铁路、道路纵断面图 | 垂直 1：100,1：200,1：500<br>水平 1：1000,1：2000,1：5000 | 1：300,1：5000 |
| 平面图,立面图,剖面图,铁路、道路横断面图,结构布置图,设备布置图 | 1：50,1：100,1：150,1：200 | 1：300,1：400 |
| 内容比较简单的平面图 | 1：200,1：400 | 1：500 |
| 场地断面图 | 1：100,1：200,1：500,1：1000 | — |
| 详图 | 1：1,1：2,1：5,1：10,1：20,<br>1：50,1：100,1：200 | 1：3,1：15,1：40,1：60 |

注：屋面平面图、工业建筑中的地形平面图等的内容，有时比较简单。

## 七、标注和索引

图纸中的标注和索引应按制图标准正确、规范地进行表达。标注要醒目准确，不可模棱两可。索引要便于查找，不可凌乱。

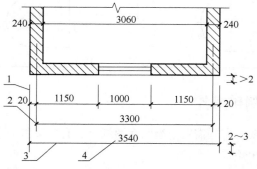

1—尺寸界线；2—尺寸起止符；3—尺寸线；4—尺寸数字。
图 2-41　尺寸标注的组成（单位：mm）

### （一）线段的标注

线段的尺寸标注包括尺寸界线、尺寸起止符尺寸线和尺寸数字（图 2-41）。尺寸界线与被注线段垂直，用细实线画，与图线的距离应大于 2mm。尺寸线为与被注线段平行的细实线，通常超出尺寸界线外侧 2~3mm，但当两不相干的尺寸界线靠得很近时，尺寸线彼此都不出头，任何图线都不得作为尺寸线使用。尺寸线起止符号可用小圆点、空心圆圈和短斜线，其中短斜线最常用。短斜线与尺寸线成45°角，为中粗实线，长为2~3mm。线段的长度应该用数字标注，水平线的尺寸应标在尺寸线上方［图2-42（1）］，铅垂线的尺寸应标在尺寸线左侧［图2-42（2）］，其他角度的斜向线段标注参考图2-42（3）。当尺寸界线靠得太近时可将尺寸标注在界线外侧或用引线标注。图中的尺寸单位应统一，除了标高和总平面图中可用米（m）为标注单位外，其他尺寸均以毫米（mm）为单位。所有尺寸宜标注在图线以外，不宜与图线、文字和符号相交。当图上需标注的尺寸较多时，互相平行的尺寸线应根据尺寸大小从远到近依次排列在图线一侧，尺寸线与图样之间的距离应大于10mm，平行的尺寸线间距宜相同，常为7~10mm。两端的尺寸界线应稍长些，中间的应短些，并且排列整齐。

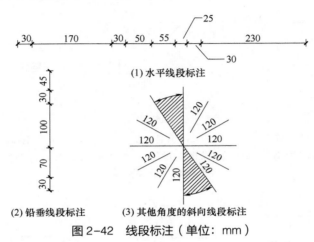

图2-42 线段标注（单位：mm）

### （二）圆（弧）和角度标注

圆或圆弧的尺寸常标注在内侧，尺寸数字前需加注半径符号 R 或直径符号 D、φ。过大的圆弧尺寸线可用折断线，过小的可用引线（图2-43）。角度的标注见图2-44，圆（弧）、弧长和角度的标注都应使用箭头起止符号。

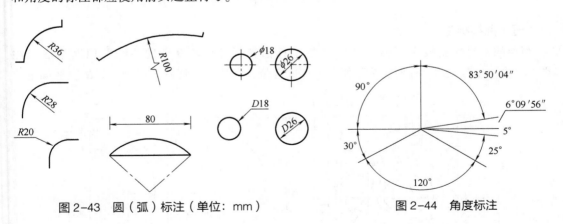

图2-43 圆（弧）标注（单位：mm）　　　　　　图2-44 角度标注

### （三）标高标注

标高标注有相对标高标注和绝对标高标注两种形式：一种是将某水平面如室内地面作为起算零点，称为相对标高，主要用于个体建筑物图样上［图2-45（1）］，标高符号为细实线绘的倒三角形，其尖端应指至被注的高度，倒三角的水平引伸线为数字标注线［图2-45（2）］。标高数字应以 m 为单位，注写到小数点以后第三位；另一种是以大地水准面或某水准点为起点算零点，称为绝对标高，多用在地形图和总平面图中，标注方法与第一种相同，但标高符号宜用涂黑的三角形表示［图 2-45（3）］，标高数字可注写到小数点以后第三位。

### （四）坡度标注

坡度常用百分数、比例或比值表示。坡向采用指向下坡方向的箭头表示，坡度百分数或比例数字应标注在箭头的短线上。用比值标注坡度时，常用倒三角形标注符号，铅垂边的数字常定为 1，水平边上标注比值数字（图 2-46）。

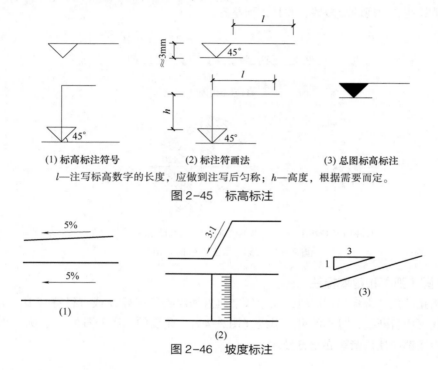

（1）标高标注符号　　　　　（2）标注符画法　　　　　（3）总图标高标注

l—注写标高数字的长度，应做到注写后匀称；h—高度，根据需要而定。

图 2-45　标高标注

图 2-46　坡度标注

### （五）曲线标注

简单的不规则曲线可用截距法（又称坐标法）标注，较复杂的曲线可用网格法标注（图 2-47）。用截距法标注时，为了便于放样或定位，常选一些特殊方向和位置的直线如定位

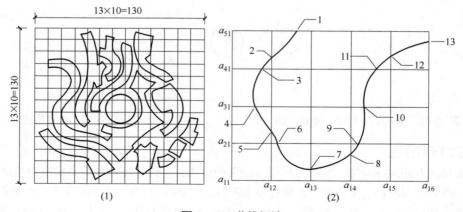

图 2-47　曲线标注

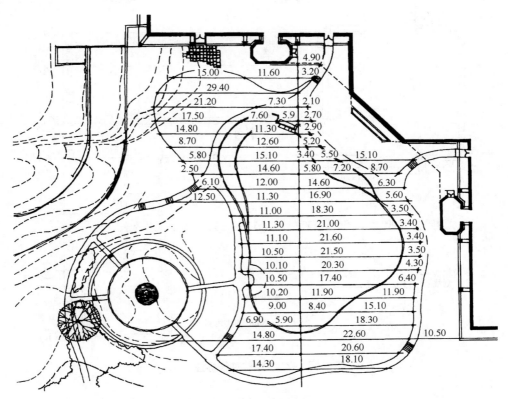

图 2-48　截距法标注的例子

轴线作为截距轴，然后用一系列与之垂直的等距平行线标注曲线（图 2-48）。用网格法标注较复杂的曲线时，所选网格的尺寸应能保证曲线或图样的放样精度，精度越高，网格的边长应该越短。尺寸的标注符号与直线相同，但因短线起止符号的方向有变化，故尺寸起止符号常用小圆点的形式。

### （六）定位轴线

为了便于施工时定位放线，查阅图纸中相关的内容，在绘制园林建筑图时应将墙、柱等承重构件的轴线按规定编号标注。定位轴线用细点划线，编号应注写在轴线端部直径为 8mm 的细实线圆内，横向编号应用阿拉伯数字（1，2，3，……）从左至右顺序编写，竖向编号应用大写拉丁字母（A，B，C，……）从下至上顺序编写。为了避免与数字混淆，竖向编号不得用 I、O 和 Z 等字母（图 2-49）。

### （七）索引

在绘制施工图时，为了便于施工工厂查阅详细标注和说明的内容，应标注索引。索引符号为直径 10mm 的细实线圆，过圆心作水平细实线直径将其分为上、下两部分，上侧标注详图编号，下侧标注详图所在图纸的编号。涉及标准图集的索引，下侧标注详图所在图集中的页码，Ld 临注详图所在页码中的编号，并应在引线上标注该图集的代号。如果用索引符号索引剖面详图，应在被刮切部位用粗实线标出剖切位置和方向，粗实线所在的一侧即为副视方向（图 2-50）。被索引的详图编号应与索引符号编号一致。详图编号常注写在直径为 14mm 的粗实线圆内（图 2-51）。

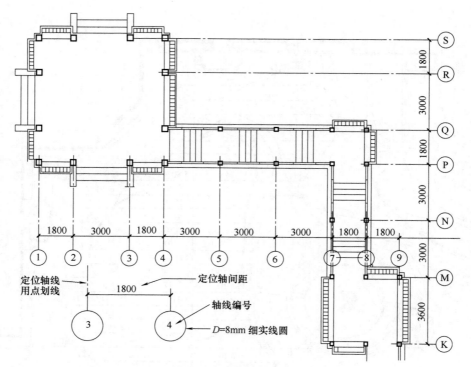

图 2-49　定位轴线标注

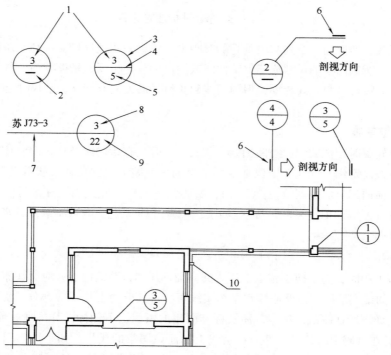

1—详图编号；2—在同一张图中；3—D=10mm 细实线图；4—线实线直径；5—详图所在图纸号；
6—剖面符号；7—标准图册代号；8—详图编号3；9—图册第 22 页；10—苏 J73-3 3122。

图 2-50　索引

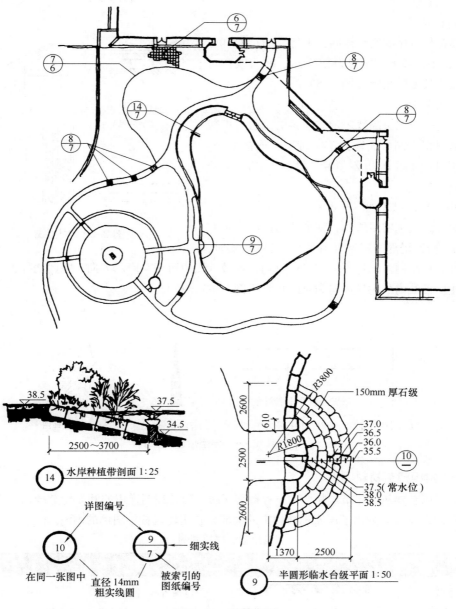

图2-51 详图索引

## （八）引出线

引出线宜采用水平方向或与水平方向成30°、45°、60°、90°的细实线，文字说明可注写在水平线的端部或上方。索引详图的引出线应对准索引符号圆心［图2-52（1）］，同时引出几个相同部分的引出线可互相平行或集中于一点［图2-52（2）］。路面构造、水池等多层标注的共用引出线应通过被引的诸层，文字可注写在端部或上方，其顺序应与被说明的层次一致［图2-52（3）］。竖向层次的共用引出线的文字说明应从上至下顺序注写，且其顺序应与从左至右被引注的层次一致［图2-52（4）］。

### （九）符号

**1. 对称符号**

对称符号应用细实线绘制，平行线的长度宜为6~10mm，平行线的间距宜为2~3mm，平行线在对称线两侧的长度应相等［图2-53（1）］。

**2. 连接符号**

连接符号应以折断线表示需连接的部位，折断线两端靠图样一侧的大写拉丁字母表示连接编号。两个被连接的图样，必须用相同的字母编号［图2-53（2）］。

**3. 指北针及风玫瑰图**

指北针宜用细实线绘制，其形状为圆的直径宜为24mm，指针尾部的宽度宜为$d/8$。特殊需要时，可用较大直径绘制指北针［图2-53（3）］。风玫瑰图也可用来表示方向，除此之外更重要的是可表示相应区域内的主导风向和风的频率［图2-53（4）］。

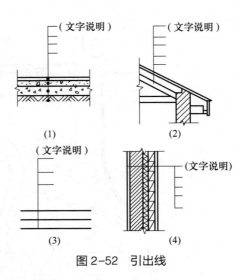

图2-52　引出线

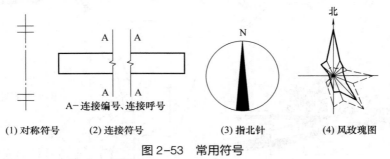

(1) 对称符号　(2) 连接符号　(3) 指北针　(4) 风玫瑰图

图2-53　常用符号

### （十）常用建筑材料图例

当风景园林建筑、建筑小品、山石等被剖切时，通常在图样中的断面轮廓线内，应画出建筑材料图例，表2-8列出了国家标准规定的大部分常用建筑材料图例的画法。

表2-8　　　　　　　　　　　　常用建筑材料图例

| 名　称 | 图　　例 | 说　　明 |
|---|---|---|
| 自然土壤 | | 包括各种自然土壤 |
| 夯实土壤 | | — |
| 普通砖 | | ①包括砌体、砌块<br>②当断面较窄，不易画出图例线时，可涂红 |
| 混凝土 | | ①本图例适用于能承重的混凝土及钢筋混凝土<br>②包括各种标号、骨料、添加剂混凝土 |
| 钢筋混凝土 | | ③断面较窄，不易画出图例线时，可涂黑<br>④当剖面或断面图上画出钢筋时，不画图例线 |

续表

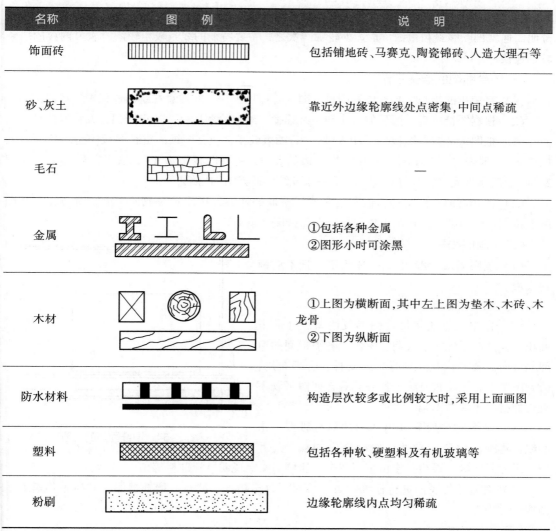

| 名　称 | 图　例 | 说　明 |
|---|---|---|
| 饰面砖 | | 包括铺地砖、马赛克、陶瓷锦砖、人造大理石等 |
| 砂、灰土 | | 靠近外边缘轮廓线处点密集,中间点稀疏 |
| 毛石 | | — |
| 金属 | | ①包括各种金属<br>②图形小时可涂黑 |
| 木材 | | ①上图为横断面,其中左上图为垫木、木砖、木龙骨<br>②下图为纵断面 |
| 防水材料 | | 构造层次较多或比例较大时,采用上面画图 |
| 塑料 | | 包括各种软、硬塑料及有机玻璃等 |
| 粉刷 | | 边缘轮廓线内点均匀稀疏 |

注:国家标准只规定了图例的画法,对其尺度比例不作具体规定,使用时应根据图样大小而定。在画图例时应注意图例线应间隔均匀、疏密适度,做到图例正确、标示清楚。

# 第三节　几　何　作　图

## 一、工具制图方法与步骤

用尺、规和曲线板等绘图工具绘制的,以线条特征为主的工整图样称为工具线条图。工具线条图的绘制是风景园林设计制图中最基本的技能。绘制工具线条图前应熟悉和掌握各种制图工具的用法、线条的类型、等级、所代表的意义及线条的交接。

工具线条应粗细均匀、光滑整洁、边缘挺括、交接清楚。作墨线工具线条时只考虑线条的等级变化；作铅线工具线条时除考虑线条的等级变化外还应考虑铅芯的浓淡，使图面线条对比分明。通常剖断线最粗最浓，形体外轮廓线次之，主要特征的线条较粗较浓，次要内容的线条较细较淡。

## （一）绘图前的准备工作

（1）将使用的绘图工具、仪器图桌、图板等擦拭干净，并注意在绘图过程中保持清洁。

（2）根据图纸内容、图形的大小和复杂程度，确定绘图比例，选定图幅，并裁取图纸。

（3）把图纸固定在图板上（用胶带）。若图纸较小，应把图纸固定在图板的左下角（方便操作），一般来说，应使图纸离开图板左边约5cm，离开图板下边1~2倍丁字尺的宽度（图2-54）。若条件允许，最好在图纸下铺一张较结实而光洁的白纸。

（4）把必需的绘图工具和仪器放在便于拿取的地方，用后及时放回。绘图时应注意在图纸上覆盖一张白纸，只露出工作部分，以保持图面整洁。

## （二）画底线稿

（1）画底稿线一般用H、2H铅笔，且不应画得太重。

（2）画出图框和标题栏。

（3）根据选定比例估计图形及注写尺寸所占面积，并同时考虑文字说明，图例、各图形间的净间隔等所需要的位置。进行统筹安排、合理布局，做到图纸上各图疏密有致、整齐美观，使图纸既不显得拥挤又不浪费图幅。

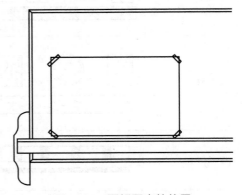

图 2-54　图纸固定的位置

（4）画图时一般先画出图形的对称轴线、中心线，再画出主要轮廓线，然后画出细部、尺寸线、尺寸界线等。最后打字格书写图名、比例、文字说明、标题栏等。

（5）对所绘的底稿进行仔细检查、校对。改正错误、缺点，增补遗漏，并擦去不需要的图线。

## （三）上墨线

（1）上墨线时应严格遵循"国标"要求，做到图线粗细分明、连接光滑、字体端正、图画整洁。

（2）上墨线时应将铅笔底稿线作为墨线的中心线进行上墨。并应将同类型的图线一次上墨完成，以免由于经常改变墨线笔宽度而是同类图线的线宽不一致。

（3）上墨线时一般是先曲线后直线，先细线后粗线，先实线后虚线、点划线，先图形后图框、标题栏、会签栏。从上至下、从左至右依次进行描绘，最后注写文字及数字。

（4）为避免墨水渗入尺板下面弄脏图纸，应使用有斜面的尺边稍稍垫起。注意墨迹未干时，任何物品不得触及。

（5）当用绘图纸上墨时，当发现描错或产生墨污时应进行修改。具体方法：在图纸下垫一块三角板或其他表面平滑且硬质的东西，然后用锋利的博型刀片轻轻刮掉需要修改的图线或墨污。

（6）描绘完之后应认真检查、复核图纸，发现错误及时改正。

### （四）上色渲染

色彩具有较强的表现力，可以真实、细致地表现设计内容的色彩和质感，常用于设计的表现图中。

色彩渲染常用的材料有水彩、水粉以及各种彩色笔（如彩色铅笔、彩色水笔）。园林图常用钢笔淡彩表现，即先用钢笔线条绘制出设计内容的轮廓线，再用水彩的色块表现光影和质感。由于水彩具有透明性，所以在上色时，应先上浅色、后上深色。

# 二、几何作图

用几何作图的方法来表现物体轮廓形状的各种几何图形，仍是制图的基本技能。下面就对一些常用的几何作图方法作简要的介绍。

### （一）作已知直线的平行线和垂直线

已知直线的平行线和垂直线作法见表2-9。

表2-9　　　　　　　　　　已知直线的平行线和垂直线作法

| 形式 | 已知条件和作图要求 | | 作图步骤 | |
| --- | --- | --- | --- | --- |
| 过一点作已知直线的平行线 | 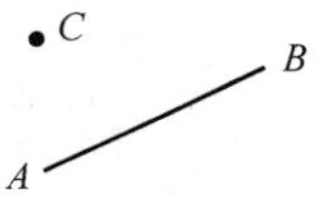 已知点 $C$ 和直线 $AB$ | | 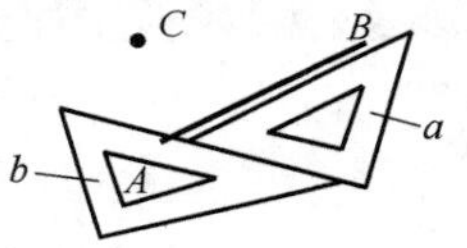 ①使用三角板 $a$ 的一边靠贴 $AB$，另一三角板 $b$ 靠贴 $a$ 的另一边 | 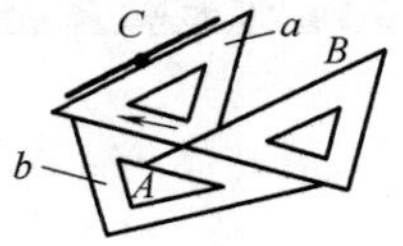 ②按住三角板 $b$ 不动，推动三角板 $a$ 沿 $b$ 的一边至靠贴点 $C$，画直线，即为所求 |
| 过一点作已知直线的垂直线 | 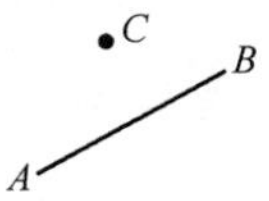 已知点 $C$ 和直线 $AB$ | | 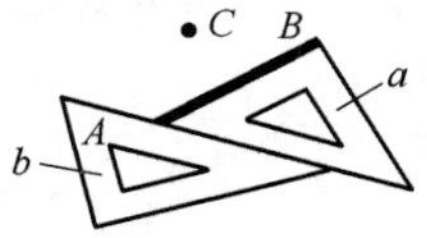 ①使用三角板 $a$ 的一边靠贴 $AB$，其斜边靠上三角板 $b$ | 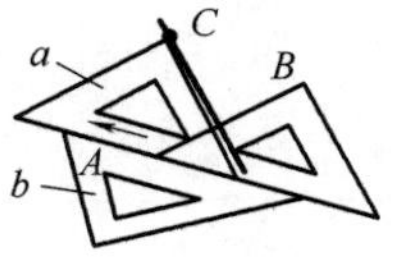 ②推动三角板 $a$，使其另一直角边靠贴点 $C$，画一直线，即为所求 |
| 作直线的垂直平分线 |  已知直线 $AB$ | | 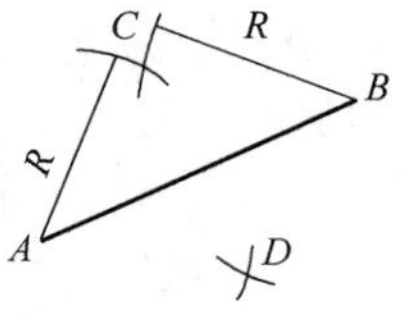 ①以大于 $AB/2$ 的线段 $R$ 为半径，以 $A$ 和 $B$ 为圆心作圆弧，得交点 $C$ 和 $D$ | 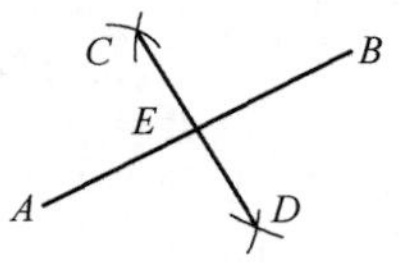 ②以直线连接 $CD$，即为所求，交点 $E$ 等分 $AB$ |

续表

| 形式 | 已知条件和作图要求 | 作图步骤 |
|---|---|---|
| 作距离为 $d$ 的已知直线的平行线 | 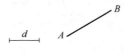<br>已知直线 $AB$ 和距离 $d$ | 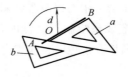<br>①以 $AB$ 线上任意点 $O$ 为圆心，$d$ 为半径，作以圆弧 | 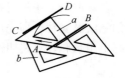<br>②用作平行线的方法，作 $CD$ 平行于 $AB$ 并与圆弧相切，即为所求 |

### （二）线段和平行线间距的任意等分

线段和平行线间距的任意等分作法见表 2-10。

表 2-10　　　　　　　　　　　线段和平行线间距的任意等分法

| 等分 | 已知条件和作图要求 | 作图步骤 |
|---|---|---|
| 线段的任意等分 | <br>已知线段 $CD$，试将它五等分 | 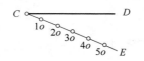<br>①过点 $C$ 作任意直线 $CE$，在 $CE$ 上截取任意长度的五等分点 1、2、3、4、5 等 | <br>②先连接 $5oD$，再过其他各点分别作 $5oD$ 的平行线交 $CD$ 得 1、2、3、4 各等分点，即为所求 |
| 两平行线之间距离的任意等分 | 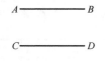<br>已知两平行线 $AB$、$CD$，试将它们之间的距离六等分 | 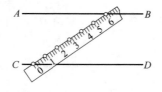<br>①先将尺寸刻度的 0 点固定在 $CD$ 上，再使点 6 随尺身转到 $AB$ 上，此时可沿刻毒边截得 1、2、3、4、5 等分点 | 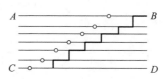<br>②过各等分点作 $AB$ 的平行线，即为所求（楼梯的踏步轮廓就是此画出的） |

### （三）作圆内接正多边形

圆内接正多边形作法见表 2-11。

表2-11 作圆内接正多边形

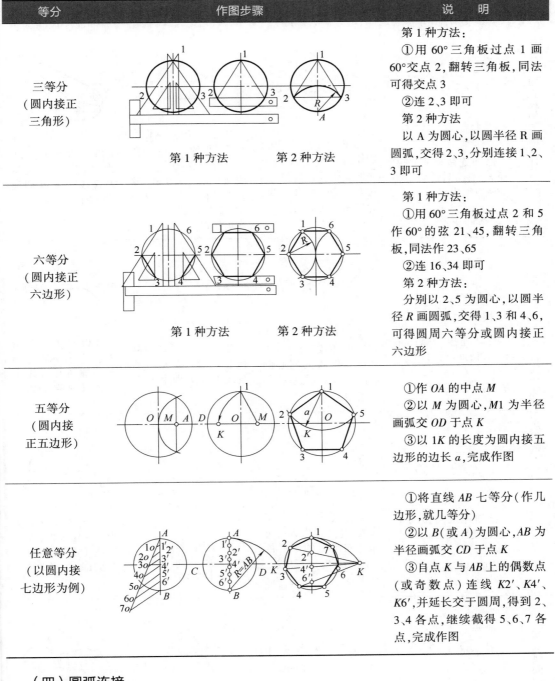

| 等分 | 作图步骤 | 说 明 |
|---|---|---|
| 三等分<br>（圆内接正<br>三角形） | 第1种方法　　　　第2种方法 | 第1种方法：<br>①用60°三角板过点1画60°交点2,翻转三角板,同法可得交点3<br>②连2、3即可<br>第2种方法<br>以A为圆心,以圆半径R画圆弧,交得2、3,分别连接1、2、3即可 |
| 六等分<br>（圆内接正<br>六边形） | 第1种方法　　　　第2种方法 | 第1种方法：<br>①用60°三角板过点2和5作60°的弦21、45,翻转三角板,同法作23、65<br>②连16、34即可<br>第2种方法：<br>分别以2、5为圆心,以圆半径R画圆弧,交得1、3和4、6,可得圆周六等分或圆内接正六边形 |
| 五等分<br>（圆内接<br>正五边形） |  | ①作OA的中点M<br>②以M为圆心,M1为半径画弧交OD于点K<br>③以1K的长度为圆内接五边形的边长a,完成作图 |
| 任意等分<br>（以圆内接<br>七边形为例） |  | ①将直线AB七等分（作几边形,就几等分）<br>②以B(或A)为圆心,AB为半径画弧交CD于点K<br>③自点K与AB上的偶数点（或奇数点）连线K2′、K4′、K6′,并延长交于圆周,得到2、3、4各点,继续截得5、6、7各点,完成作图 |

## （四）圆弧连接

一直线或圆弧经由一圆弧（称"连接圆弧"）光滑地过渡到另一直线或圆弧称为圆弧连接。它是以平面几何中圆弧与直线。以圆弧与圆弧相切的原理为依据,可以准确地求出连接圆弧的圆心以及连接圆弧与已知直线或圆弧的连接点（切点）的位置,这是圆弧连接画法的关键。各种形式圆弧连接的作图方法及步骤见表2-12。

表 2-12　　　　　　　　　　　　　　圆弧连接作图方法及步骤

| 形式 | 已知条件和作图要求 | 作图步骤 | | |
|---|---|---|---|---|

**两直线间的圆弧连接**

已知连接圆弧的半径 $R$，使此圆弧切于相交两直线Ⅰ、Ⅱ

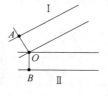

①在直线Ⅰ、Ⅱ上分别任取 $a$ 及 $b$ 点，过 $a$ 作 $aa_1$ 垂直于直线Ⅰ，过 $b$ 作 $bb_1$ 垂直于Ⅱ，并使 $aa_1 = bb_1 = R$

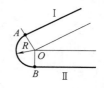

②过 $a_1$、$b_1$ 分别作直线Ⅰ、Ⅱ的平行线，两平行线交于 $O$ 即连接圆弧中心，自 $O$ 作 $OA$ 垂直于直线Ⅰ，自 $O$ 作 $OB$ 垂直于直线Ⅱ，$A$、$B$ 即为切点

③以 $O$ 为圆心，$R$ 为半径作圆弧，连接两直线于 $A$、$B$ 即完成作图

**直线和圆弧间的圆弧连接**

已知连接圆弧的半径 $R$，使此圆弧外切于中心为 $O_1$，半径为 $R_1$ 的圆弧，以及直线Ⅰ

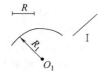

①作直线Ⅱ平行于直线Ⅰ（间距为 $R$）；再作已知圆弧的同心圆（半径 $R+R_1$）与直线Ⅱ交于 $O$

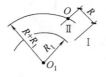

②连 $OO_1$ 交已知圆弧于 $A$，作 $OB$ 垂直于直线Ⅰ，$A$、$B$ 即为切点

③以 $O$ 为圆心，$R$ 为半径作圆弧，连接已知圆弧和直线Ⅰ于 $A$、$B$，即完成作图

已知连接圆弧的半径 $R$，使此圆弧内切于中心为 $O_1$，半径为 $R_1$ 的圆弧，以及直线Ⅰ

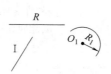

①作直线Ⅱ平行于直线Ⅰ（间距为 $R$）；再作已知圆弧的同心圆（半径 $R-R_1$）与直线Ⅱ交于 $O$

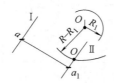

②作 $OA$ 垂直于直线Ⅰ，连 $OO_1$（连心线延长线）交已知圆弧于 $B$，$A$、$B$ 即为切点

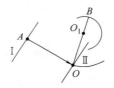

③以 $O$ 为圆心，$R$ 为半径作圆弧，连接直线Ⅰ和已知圆弧 $A$、$B$，即完成作图

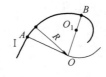

**两圆弧间的圆弧连接**

已知连接圆弧半径 $R$，使此圆弧同时与中心为 $O_1$、$O_2$，半径为 $R_1$、$R_2$ 的两圆弧相外切

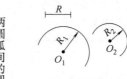

①分别以 $(R_1+R_2)$ 和 $(R_2+R)$ 为半径，$O_1$、$O_2$ 为圆心，作圆弧相交于 $O$

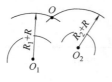

②连接 $OO_1$ 交已知圆弧于 $A$；连接 $OO_2$ 交已知圆弧于 $B$，$A$、$B$ 即为切点

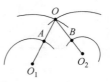

③以 $O$ 为圆心，$R$ 为半径作圆弧，连接已知圆弧 $A$、$B$，即完成作图

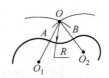

续表

| 形式 | 已知条件和作图要求 | 作图步骤 |
|---|---|---|

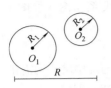 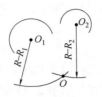 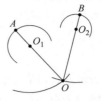 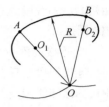

两圆弧间的圆弧连接

已知连接圆弧半径 $R$，使此圆弧同时与中心为 $O_1$、$O_2$，半径为 $R_1$、$R_2$ 的两圆弧相内切

①分别以 $(R-R_1)$ 和 $(R-R_2)$ 为半径，$O_1$、$O_2$ 为圆心，作圆弧相交于 $O$

②连接 $OO_1$ 并延长交于已知圆弧于 $A$；连接 $OO_2$ 并延长交已知圆弧于 $B$，$A$、$B$ 即为切点

③以 $O$ 为圆心，$R$ 为半径作圆弧，连接已知圆弧 $A$、$B$，即完成作图

 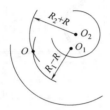 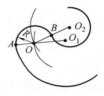 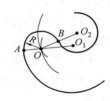

已知连接圆弧半径 $R$，使此圆弧同时与中心为 $O_1$，半径为 $R_1$ 相内切与中心为 $O_2$，半径为 $R_2$ 的圆弧外切

①分别以 $(R_1-R)$ 和 $(R_2+R)$ 为半径，$O_1$、$O_2$ 为圆心，作圆弧相交于 $O$

②连接 $OO_1$ 并延长交于已知圆弧于 $A$；连接 $OO_2$ 并延长交已知圆弧于 $B$，$A$、$B$ 即为切点

③以 $O$ 为圆心，$R$ 为半径作圆弧，连接已知圆弧 $A$、$B$，即完成作图

## 三、平面图形的分析及画法

平面图形由直线线段、曲线线段或直线线段和曲线线段共同构成。在绘平面图之前，首先应结合图上的尺寸对构成图形的各线段进行分析，明确每一段的形状、大小及与其他线段的关系等，然后采取正确有效的画法分段画出，连接成图形（图 2-55）。

### （一）尺寸分析

平面图形中的尺寸按其作用可分为两类：一类是确定几何元素的形状大小的尺寸，称为定型尺寸，如确定线段长度，圆和圆弧的直径、半径及角度大小的尺寸等；另一类则是用来确定几何元素与基准之间或各元素之间的相对位置的尺寸，称为定位尺寸。有些尺寸既是定型尺寸，又是定位尺寸。图 2-55 中 100、600、$\phi6$、$R98$、$R16$、$R14$ 均为定型尺寸，38 是定位尺寸，76、20、6 既是定型尺寸又是定位尺寸。

### （二）线段分析

平面图形中线段，根据所绘尺寸的数量及其在图形中的作用可分为三类。

1. 已知线段

已知线段是具有定型尺寸和两个方向定位尺寸的线段，作图时可直接绘出（图 2-55）中

的 $R98$ 和 $R14$ 两圆弧。

### 2. 中间线段

中间线段是具有定型尺寸和只有一个方向的定位尺寸，另一个方向的定位尺寸需要依赖其相接的已知线段的有关尺寸计算而得，再根据与已知线段的几何关系作图。如图 2-55 中的 $R18$ 圆弧。

### 3. 连接线段

连接线段是只有定型尺寸，没有定位尺寸的线段，其两个方向的定位尺寸均需依赖它两端相接的已知线段或中间线段的有关尺寸计算而得，如图 2-55 中的 $R16$ 圆弧。

### （三）作图步骤

尽管平面图形的形状构成千差万别，尺寸标注多种多样，但在绘图时大体可按以下步骤进行（图 2-56）：

（1）选定比例，布置图面，使图形在图纸上的位置适中；

（2）画出作图基准线，如对称轴线，主要轮廓线等；

（3）画出已知线段；

（4）用几何作图方法画出中间线段和连接线段；

（5）完成全图，如画细部，标注定型、定位尺寸，描深图线等。

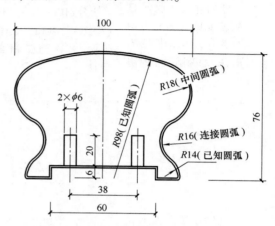

图 2-55　图形的分析（单位：mm）

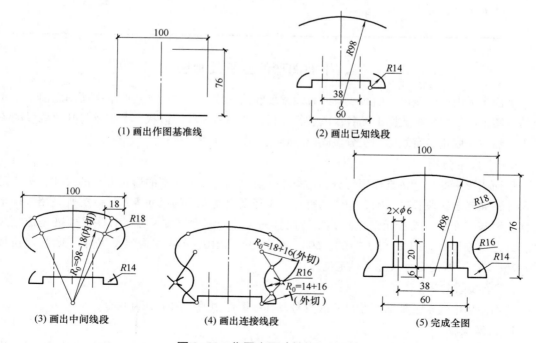

图 2-56　作图步骤（单位：mm）

# 第四节 徒手作图

风景园林设计者必须具备徒手绘制线条图的能力，因为风景园林图中的地形、建筑、植物和水体等需要徒手绘制（图2-57）。

图2-57 风景园林建筑手绘图

徒手画草图简便、快速，适用于收集素材和现场测绘，即兴构图或研讨设计方案（图2-58、

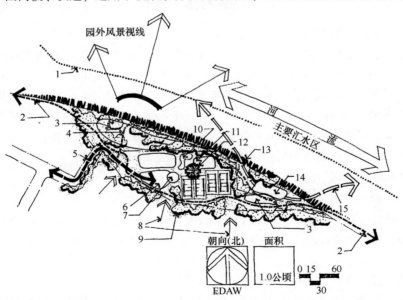

1—原有骑马道；2—步行与自行车道；3—野餐区；4—备用道；5—入园道路；6—停车场；7—回车场；8—公园透景线；9—遮挡种植；10—儿童游戏区；11—球场活动区；12—休息室；13—坡地；14—骑马活动区；15—连接道。

图2-58 方案分析与构思图

图 2-59）等场合。草图并不是潦草的意思，而是指不用绘图仪器、工具，只凭目测比例徒手绘图。画出的草图也应该做到图线清晰、粗细分明、各部分比例大致准确。

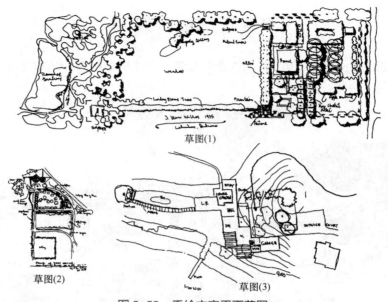

草图(1)

草图(2)　　草图(3)

图 2-59　手绘方案平面草图

绘制徒手线条图的工具很多，用不同的工具绘制出的线条特征和图面效果虽然有些差别，但都具有线条图的共同特点。

下面主要介绍钢笔徒手线条图的画法技巧和表现方法。

# 一、钢笔徒手线条

## （一）钢笔工具种类及特点

绘制钢笔徒手线条的工具有普通钢笔、美工钢笔（速写笔）、蘸水小钢笔和针管笔等。普通钢笔所绘线条的粗细相对一致，但用笔尖不同部位作的线条也会稍有变化。美工钢笔（速写笔）可用普通钢笔加工顺成或直接从商店购得，其笔尖尖端略向上弯。用不同的接触角度和方向可作出一系列粗细不同的线条。针管笔所绘线条的粗细取决于针管的管径，管径一定所作线条的粗细也一定。尽管这些工具所作的线条各有特点，但线条本身是不具备层次的，只有通过线条勾勒或不同疏密的线条排列与组织才能表现物体的块面和体积感。

## （二）徒手线条绘制方法

学画钢笔徒手线条图可从简单的直线练习开始。

在练习中应注意运笔速度、方向和支撑点以及用笔力量。运笔速度应保持均匀，宜慢不宜快，停顿干脆。用笔力量应适中，保持平稳。运笔方向如图 2-60、图 2-61 所示，基本运笔方向为从左至右、从上至下。

运笔中的支撑点有以下三种情况：

（1）以手掌一测或小指关节与纸面接触的部分作为支撑点，适合于作较短的线条，若线条较长，需分段作，每段之间可断开，以免搭接处变粗；

（2）以肘关节作为支撑点，靠小臂和手腕运动，并辅以小指关节轻触纸面，可一次作出较长的线条。

（3）将整个手臂和肘关节腾空或捕以肘关节或小指关节轻触纸面作更长的线条。

通过简单的直线线条练习（图2-62）掌握绘制要领之后，就可以进一步进行直线线条及线段的排列、交叉和叠加的练习（图2-63、图2-64）。在这些练习中要尽量保证整体排列和

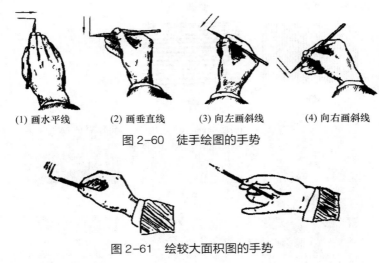

(1) 画水平线　　(2) 画垂直线　　(3) 向左画斜线　　(4) 向右画斜线

图2-60　徒手绘图的手势

图2-61　绘较大面积图的手势

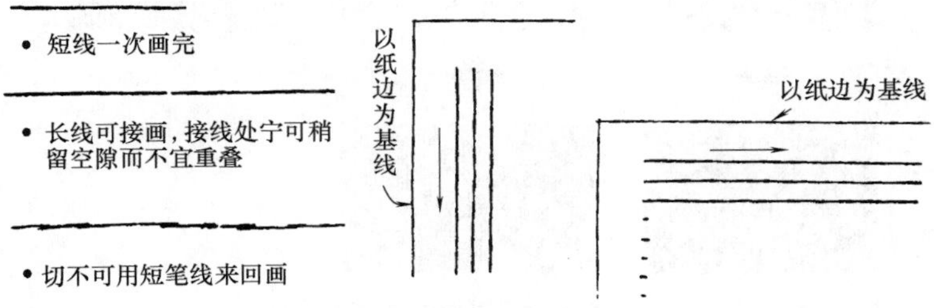

* 短线一次画完

* 长线可接画，接线处宁可稍留空隙而不宜重叠

* 切不可用短笔线来回画

以纸边为基线

以纸边为基线

(1) 画直线　　(2) 画垂线　　(3) 画水平线

图2-62　画线的方法

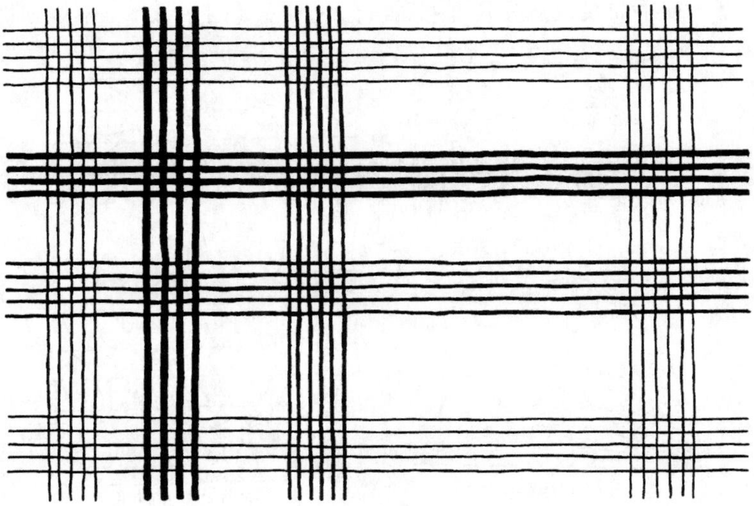

图2-63　直线线条

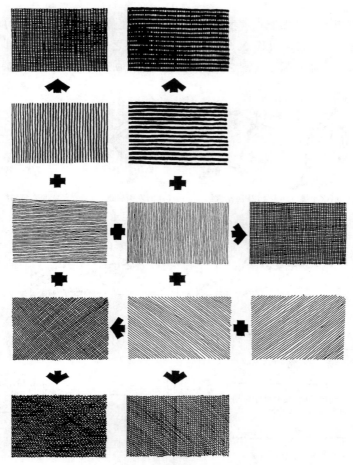

图 2-64　直线线条的排列叠加

叠加的块面均匀，不必担心局部的小失误。除此之外，还需进行各种波形和微微抖动的直线线条练习，各种类型的徒手曲线线条及其排列和组合的练习（图 2-65），不规则折线或曲线等乱

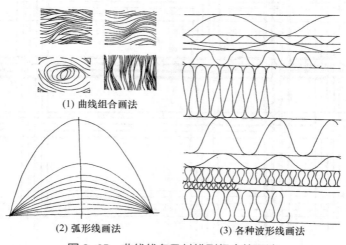

(1) 曲线组合画法

(2) 弧形线画法　　　(3) 各种波形线画法

图 2-65　曲线线条及其排列组合的画法

线的组合练习（图 2-66）以及点和圆的徒手练习（图 2-67）等，因为它们也是钢笔徒手线条图中最常用的。

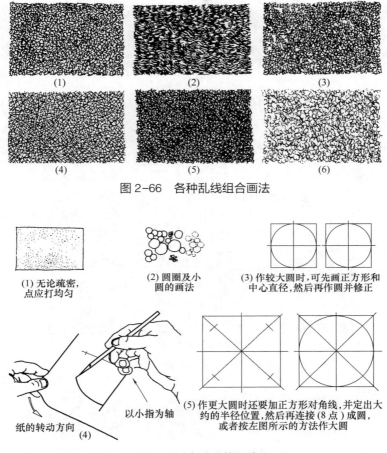

图 2-66　各种乱线组合画法

图 2-67　点和圆的画法

初学者要想作出漂亮的徒手线条，就应尽可能地利用每天的闲暇及零碎的时间进行大量练习。只有通过这种所谓的"练手"才能熟练地掌握手中的笔，做到运用自如（图 2-68）。

## 二、钢笔线条的明暗和质感表现方法

钢笔线条本身不具有明暗和质感表现力，只有通过线条的粗细变化和疏密排列才能获得各种不同的灰色块，表达出形体的体积感和光影感。线条较粗，排列得较密，色块就较深，反之则较浅。深浅之间可采用分格退晕或渐变退晕进行过渡，且不同的线条组合具有不同的质感表现力。表面分块不明显，形体自然的物体宜用过渡自然的渐变退晕；分块较明确的建筑物墙面、构筑物表面通常宜用分格退晕。

质感不同的物体应该用不同的钢笔线条的排列和组合加以表现（图 2-69）。墙面的线条应排列得较均匀，使整体具有块面感；水面的线条应排列得疏密不一，水中的倒影应处理得较深，使整个水面有镜面感；表现植物材料的线条应采用各种不规则的短线，如可用乱线表示树冠的团块感，用叶形线表示灌木等（图 2-70）。石块的质感表现相当复杂，因为石块既有整体

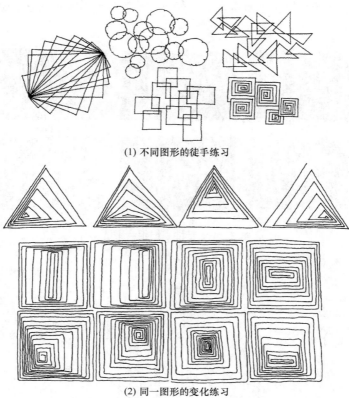

(1) 不同图形的徒手练习

(2) 同一图形的变化练习

图 2-68　徒手线条的练习方法

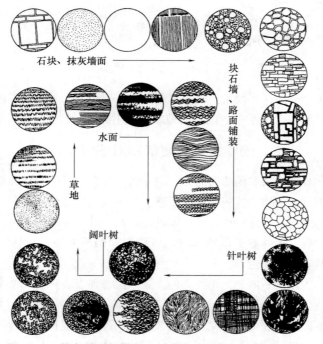

石块、抹灰墙面

块石墙、路面铺装

水面

草地

阔叶树

针叶树

图 2-69　线条的不同排列和组合表现不同物体的质感举例

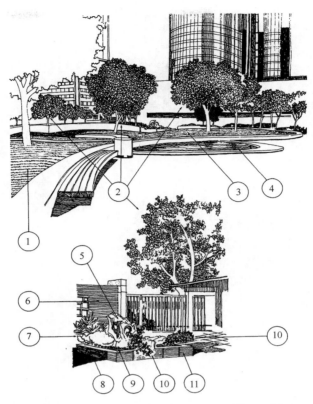

1—草皮；2—树木；3—草坪；4—水面；5—石块；6—墙面；
7—植物；8—落影；9—草；10—灌木；11—花台。

图2-70 钢笔线条质感表现实例

的大块面，又有微妙的小块面和裂缝纹理，而且不同的石块特征又不相同，有的石块块面如斧劈似的整齐，有的石块圆浑而难分块面。在表现石块这些特征时，要注意线条的排列方式和方向应与石块的纹理、明暗相一致（图2-71）。石块除了用质感和明暗的方法表现外，还可用勾勒轮廓、勾绘石纹的方法加以表现。

图2-71 石块的明暗画法

# 投影原理及其画法

投影原理和投影方法是绘制、阅读工程图样的基础，园林工程图样都是按照一定的投影方法绘制的。因此，只有掌握投影的基本原理和方法，才能熟练绘制和阅读各种园林图样。

## 第一节　投　影　概　述

众所周知，空间物体在灯光的照射下，会在地面或在墙壁上出现它的影子。投影法就是根据这一自然现象，并经过科学地抽象，总结出的用投射在平面上的图形表示空间物体形状的方法。这种使用物体在平面上产生影子的方法，称为投影法。根据投影法所得到的图形，称为投影或投影图。

在投影图中，产生光线的光源称为投射中心，光线称为投射线，所得的图形称为物体的投影，投影所在的平面称为投影面。因此，产生投影必须具备以下条件：光源、物体、投影面、投射线与投影面倾斜。

### 一、投影法分类

工程上常用的投影法分为平行投影法（图 3-1）和中心投影法（图 3-2）两种。

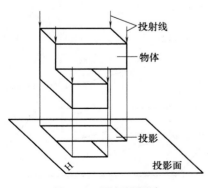

图 3-1　平行投影法

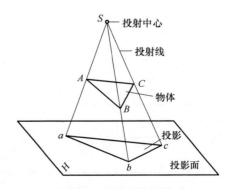

图 3-2　中心投影法

**（一）平行投影法**

如图3-3所示，所有投射线相互平行，此种投影方法称为平行投影法。根据投射方向是否垂直于投影面，平行投影法又分为以下两种：

（1）正投影法　投射线垂直于投影面；

（2）斜投影法　投射线倾斜于投影面。

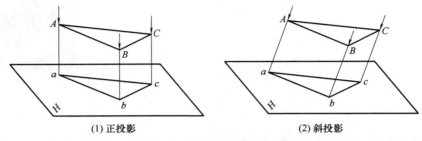

　　　　（1）正投影　　　　　　　　　　　　（2）斜投影

图3-3　平行投影法分类

正投影在空间平面平行于投影面时能正确地表达平面的真实形状和大小，作图方便，在工程上广泛运用。在本书中，若不加说明，物体投影均指正投影。

**（二）中心投影法**

如图3-2所示，中心投影法的投射线都汇交于一点，它是由投射中心、物体和投影面组成。点光源发出的光线产生的投影方法，称为中心投影法。用中心投影法得到的物体的投影与物体对投影面所处的位置有关，投影不能反映物体表面真实形状和大小，但图形富有立体感。该方法常用于绘制建筑物或产品的立体图，也称为透视图（透视投影）。

# 二、平行投影的基本性质

**（一）从属性**

从属性指直线上的点的投影仍在直线的投影上。如图3-4所示，点 $C$ 在直线 $AB$ 上，必有 $c$ 在 $ab$ 上。

**（二）定比性**

定比性指点分线段所成两线段长度之比等于该两线段的投影长度之比。如图3-4所示，$AB/CB=ac/cb$。

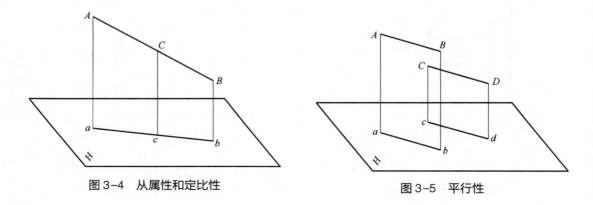

　　图3-4　从属性和定比性　　　　　　　　　图3-5　平行性

**（三）平行性**

平行性指两平行直线的投影仍互相平行。如图 3-5 所示，若已知 *AB*//*CD*，必有 *ab*//*cd*。

**（四）显实性**

显实性指若线段或平面图形平行于投影面，则其投影反映实长或实形。如图 3-6 所示，已知 *AC*//*H* 面，必有 *AC*=*ac*。已知 △*ABC*//*H* 面，必有 △*ABC*≌△*abc*。

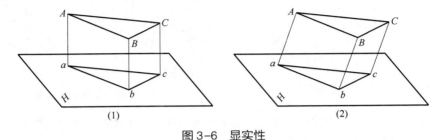

(1)　　　　　　　　　　(2)

图 3-6　显实性

**（五）积聚性**

积聚性指若线段或平面图形垂直于投影面，其投影积聚为一点或一直线段。如图 3-7 所示，已知 *AB*⊥*H* 面，则点 *a* 与 *b* 重合。已知 △*ABC*⊥*H* 面，则有直线段 *ac*。

**（六）类似性**

类似性指一般情况下，直线的投影仍为直线，平面的投影仍是原图形的类似形（多边形的投影仍是相同边数的多边形且具有相同的凸凹性），如图 3-8 所示。

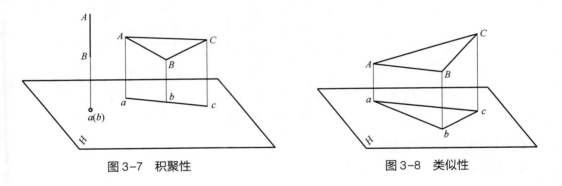

图 3-7　积聚性　　　　　　　　　图 3-8　类似性

# 三、投影体系的建立

在一个投影面上只能画出物体的一个投影图。它只能反映物体在平行于投影面的两个坐标方向的大小和形状，因此，用一个投影图或两个投影图都不能清楚表达物体的整体大小和形状（图 3-9、图 3-10）。

**（一）投影体系的建立**

在工程图样中通常采用与物体的长、宽、高相对应的三个互相垂直的投影面，正立投影面 *V*（简称正面或 *V* 面）、水平投影面 *H*（简称水平面或 *H* 面）、侧立投影面 *W*（简称侧面或 *W* 面）它们构成了三投影面体系，这三个投影面之间的交线 *OX*、*OY*、*OZ* 称为投影轴，它们分别表示物体的长、宽、高三个方向。在 *V*、*H*、*W* 三个投影面上的投影分别用小写字母表示。如点 *A*：*a*（*H* 面）、*a*′（*V* 面）和 *a*″（*W* 面）。物体在各投影面上的投影名称规定：在正面上

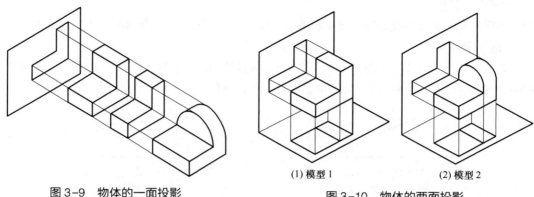

图 3-9  物体的一面投影

(1) 模型1          (2) 模型2

图 3-10  物体的两面投影

的投影称为正投影，也称为主视图；在水平面上的投影称为水平投影，也称为俯视图；在侧面上的投影称为侧投影，也称为左视图。

### （二）投影面的展开

为了使三个投影能画在同一张图纸上，需要将三个投影面进行展开。国家标准规定：正面 $V$ 保持不动，水平面 $H$ 绕 $OX$ 轴向下旋转 $90°$，侧面 $W$ 绕 $OZ$ 轴向右旋转 $90°$，使三面共面（图 3-11）。

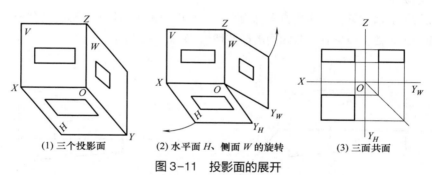

(1) 三个投影面      (2) 水平面 $H$、侧面 $W$ 的旋转      (3) 三面共面

图 3-11  投影面的展开

### （三）三面投影与三视图

#### 1. 视图的概念

视图是将物体向投影面投射所得的图形（图 3-12）。主视图指实体的正面投影，俯视图指实体的水平投影，左视图指实体的侧面投影。

#### 2. 三视图之间的度量对应关系

因为主视图反映了物体长度方向（$X$ 方向）和高度方向（$Z$ 方向）的尺寸、俯视图反映了宽度方向（$Y$ 方向）和长度方向的尺寸、左视图反映了高度方向和宽度方向的尺寸，所以三个视图存在如下规律（图 3-13）：主视俯视长相等且对正——长对正；主视左视高相等且平齐——高平齐；俯视左视宽相等且对应——宽相等。

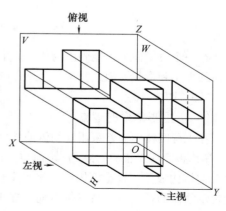

图 3-12  三视图

"长对正、高平齐、宽相等"反映了三个视图的内在联系，不仅物体的总体尺寸要符合上述规律，物体上的每一个形体、平面、直线、点都遵从上述规律。

3. 三视图之间的方位对应关系

三视图的方位对应关系如图3-14所示。主视图反映上、下、左、右，俯视图反映前、后、左、右，左视图反映左、右、前、后。

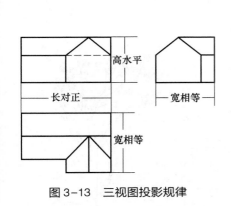

图 3-13 三视图投影规律

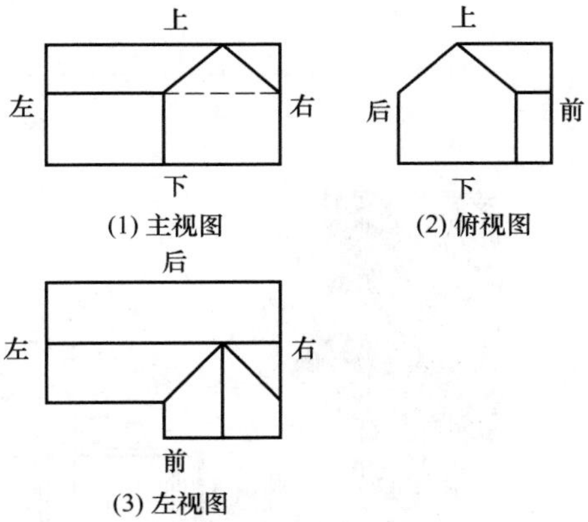

图 3-14 三视图的方位对应关系

# 四、工程上常用图示法简介

## （一）多面正投影

多面正投影图（图3-15）能够准确反映物体的实际形状和大小，度量性好、作图简便，在工程上被广泛使用，缺点是直观性差。

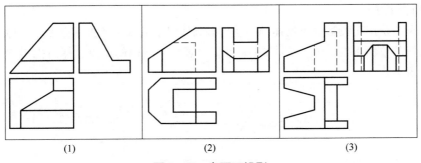

(1)　　　　　　(2)　　　　　　(3)

图 3-15 多面正投影

## （二）轴测投影

用平行投影法将物体连同确定其空间位置的直角坐标系，沿不平行于任一坐标面的方向，投射到单一投影面上所得到图形称为轴测投影图。图3-16为形体的轴测投影图。

轴测投影作图较繁且度量性差，但它直观性较好、容易看懂，所以在工程中常作为辅助图样使用。

## （三）透视投影

透视投影是用中心投影法绘制的单面投影图（图3-17）为景观茶室透视投影图。这种图符合人的视觉印象，富有立体感、直观性强，但作图复杂、度量性差，在建筑工程设计中用作

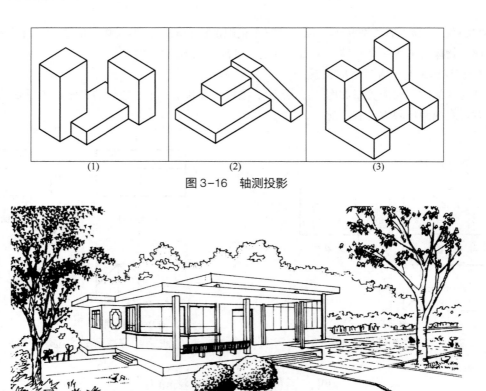

图 3-16　轴测投影

图 3-17　景观茶室透视投影

辅助图样。

#### （四）标高投影

标高投影图是用正投影法将物体的一系列等高线投射到水平的投影面上，并标注出各等高线的高程数值的单面正投影图。从图 3-18 可看出管线与地面的交点，标高投影图一般用于不规则曲面的表达。

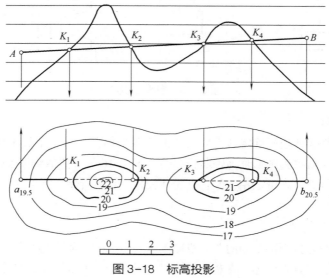

图 3-18　标高投影

# 第二节 点 的 投 影

点是最基本的几何元素，由前述的投影原理可知，仅用空间点在一个投影面上的投影无法确定空间点的位置，它需要由在不同投影面上的两个或三个投影来确定。

## 一、点的投影特性

由图 3-19 可知，点的投影特性有两个：一个是点的投影连线垂直于投影轴，即 $a'a \perp OX$、$a'a'' \perp OZ$；另一个是点的投影与投影轴的距离等于该点与相邻投影面的距离，即 $Aa = a'a_x$、$Aa = a'a_x$。

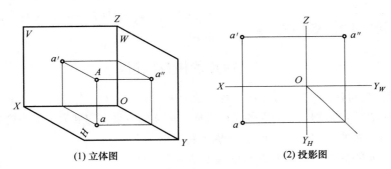

(1) 立体图      (2) 投影图

图 3-19 点的投影特性

## 二、特殊位置点的投影

特殊位置点的投影如图 3-20 所示。

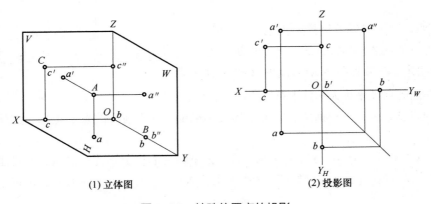

(1) 立体图      (2) 投影图

图 3-20 特殊位置点的投影

## （一）投影面上的点

投影面上的点必有一个坐标为 0，也就是点与该投影面的距离为 0，点在该投影面上的投影与该点重合，在相邻投影面上的投影分别落在相应的投影轴上，如图 3-20 中的 C 点。

### （二）投影轴上的点

投影轴上的点必有两个坐标为0，也就是该点与相交于这条投影轴的两个投影面的距离都是0，在包含这条轴的两个投影面上的投影都与该点重合，而在第三个投影面上的投影则与坐标原点 $O$ 重合，如图3-20中的 $B$ 点。

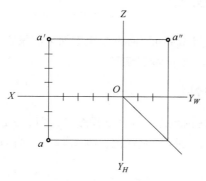

图3-21　根据点的坐标作点的投影

### （三）与原点 $O$ 重合的点

与原点 $O$ 重合的点的三个坐标都是0，三个投影点都重合于原点 $O$，如图3-20中的 $O$ 点。

**例3-1**：已知点 $A$ 的坐标（5，3，4），作出点 $A$ 的投影。

如图3-21所示，从 $O$ 点向左在 $OX$ 轴上5处作垂线 $aa'$，然后在 $aa'$ 上从 $OX$ 轴向下和向上分别取 $y=3$、$z=4$，求得 $a$ 和 $a'$，根据点的投影规律求出 $a''$。

## 三、两点的相对位置

如图3-22，空间有长（左右方向）、宽（前后方向）、高（上下方向）三个方向度，投影轴 $OX$、$OY$、$OZ$ 在正向分别表示向左的长度方向、向前的宽度方向和向上的高度方向。在每个投影面上则只能反映两个向度：正面 $V$ 反映左右方向的长度和上下方向的高度，水平面 $H$ 反映左右方向的长度和前后方向的宽度，侧面 $W$ 反映前后方向的宽度和上下方向的高度。

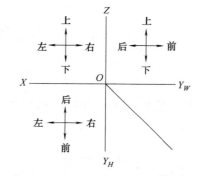

图3-22　在三视图中反映的三个向度

两点的相对位置指两点在空间的上下、前后、左右位置关系。

在投影图上判断空间两点相对位置关系的具体方法如下：

（1）判断上下关系　根据两点的 $Z$ 坐标大小确定，处于上方的点 $Z$ 坐标大，处于下方的点 $Z$ 坐标小；

（2）判断左右关系　根据两点的 $X$ 坐标大小确定，处于左边的点 $X$ 坐标大，处于右边的点 $X$ 坐标小；

（3）判断前后关系　根据两点的 $Y$ 坐标大小确定，处于前方的点 $Y$ 坐标大，处于后方的点 $Y$ 坐标小。

因此：$X$ 坐标大的在左、$Y$ 坐标大的在前、$Z$ 坐标大的在上。若已知两点的投影，就能确定它们的相对位置；反之，若已知两个点的相对位置以及其中一个点的投影，就能求出另一点的投影。

## 四、重　影　点

当空间两点位于某一投影面的一条投射线上时，则这两点在该投影面上的投影必重合，称这两点为该投影面的重影点（图3-23）。重影点必然有两个坐标相等、一个坐标不相等。

重影点的可见性判别应该是前遮后、上遮下、左遮右。下图中，在水平投影方向上的点 $A$ 遮住了点 $B$，故点 $a$ 可见，点 $b$ 不可见。需要表明重影点可见性时，要在不可见的投影符号上加上括号，如 $a(c)$、$a'(b')$。

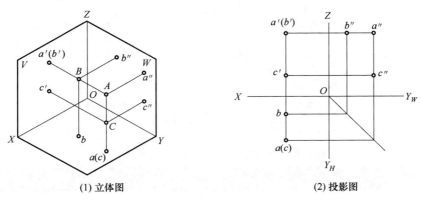

(1) 立体图          (2) 投影图

图 3-23  重影点

## 第三节  直线的投影

直线的投影一般仍为直线，空间一直线的投影可由直线上两点（通常取线段两个端点）的同面投影来确定。作直线的投影图，只需作出直线上任意两点的投影，并连接该两点在同一投影面上的投影（简称同面投影）即得。图 3-24 所示为直线的三面投影图。

### 一、直线的投影特性

根据直线与三个投影面相对位置的不同，可以将直线划分为三类：一般位置直线、投影面的平行线、投影面的垂直线。

#### （一）一般位置直线

倾斜于三个投影面的直线称为一般位置直线。如图 3-24 所示，直线对投影面 $H$、$V$、$W$ 的倾角分别用 $\alpha$、$\beta$、$\gamma$ 表示。则从图中可知，直线的实长、投影长度和倾角之间的关系为：$ab = AB\cos\alpha < AB$；$a'b' = AB\cos\beta < AB$；$a''b'' = AB\cos\gamma < AB$。

一般位置直线的投影特性有以下两点：第一，三个投影都与投影轴倾斜且都小于实长；第二，三个投影与投影轴的夹角都不反映直线对投影面的倾角 $\alpha$、$\beta$、$\gamma$。

一般位置直线的辨认方法：直线的投影如果与三个投影轴都倾斜，则可判定该直线为一般位置直线。

#### （二）投影面的平行线

平行于一个投影面而倾斜于另外两个投影面的直线称为投影面平行线。

投影面平行线分为三种（表 3-1）：第一种，平行于 $V$ 面的直线称为正平线；第二种，平行于 $H$ 面的直线称为水平线；第三种，平行于 $W$ 面的直线称为侧平线。

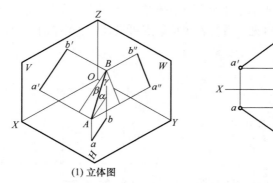

(1) 立体图          (2) 投影图

图 3-24    一般直线的投影

表 3-1                         投影面平行线的立体图、投影图及投影特征

| 名称 | 正平线（ AB//V 面） | 水平线（ AB//H 面） | 侧平线（ AB//W 面） |
|---|---|---|---|
| 实例 | | | |
| 立体图 | | | |
| 投影图 | | | |
| 投影<br>特性 | ①$a'b'=AB$<br>②V 面投影反映 $\alpha$、$\gamma$<br>③$ab//OX$、$a''b''//OZ$ | ①$ab=AB$<br>②H 面投影反映 $\beta$、$\gamma$<br>③$a'b'//OX$、$a''b''//OY_W$ | ①$a''b''=AB$<br>②W 面投影反映 $\beta$ 和 $\alpha$<br>③$a'b'//OZ$、$ab//OY_H$ |

投影面平行线的投影特性有以下两点：第一，直线平行于哪个投影面，它在该投影面上的投影就反映空间线段的实长，并且这个投影和投影轴所夹的角度，就等于空间线段对相应投影面的倾角；第二，直线在另外两个投影面上的投影，分别平行于相应的投影轴。

对于投影面平行线的辨认方法为：当直线的投影有两个平行于投影轴，第三投影与投影轴倾斜时，则该直线一定是投影面平行线，且一定平行于其投影为倾斜线的那个投影面。

### （三）投影面的垂直线

垂直于一个投影面而平行于另外两个投影面的直线称为投影面垂直线。

投影面垂直线分为三种（表3-2）：第一种，垂直于 $V$ 面的直线称为正垂线；第二种，垂直于 $H$ 面的直线称为铅垂线；第三种，垂直于 $W$ 面的直线称为侧垂线。

表3-2　　　　　　　　　投影面平行线的立体图、投影图及投影特征

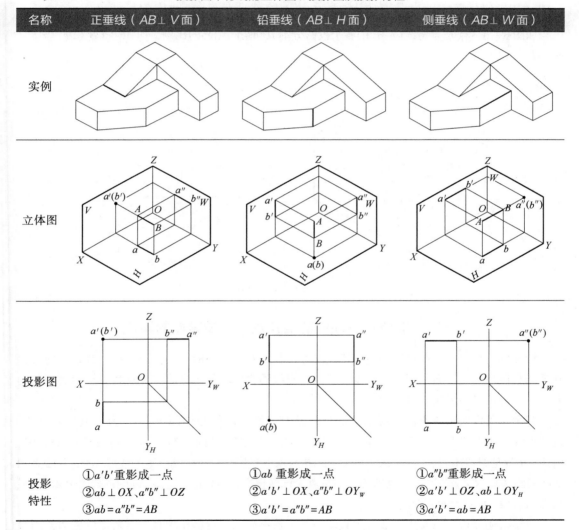

| 名称 | 正垂线（$AB \perp V$ 面） | 铅垂线（$AB \perp H$ 面） | 侧垂线（$AB \perp W$ 面） |
|---|---|---|---|
| 实例 | | | |
| 立体图 | | | |
| 投影图 | | | |
| 投影特性 | ①$a'b'$重影成一点<br>②$ab \perp OX$、$a''b'' \perp OZ$<br>③$ab = a''b'' = AB$ | ①$ab$ 重影成一点<br>②$a'b' \perp OX$、$a''b'' \perp OY_W$<br>③$a'b' = a''b'' = AB$ | ①$a''b''$重影成一点<br>②$a'b' \perp OZ$、$ab \perp OY_H$<br>③$a'b' = ab = AB$ |

投影面垂直线的投影特性有以下两点：第一，直线在其所垂直的投影面上的投影积聚成一点；第二，直线在另外两个投影面上的投影，分别垂直于相应的投影轴，且反映该线段的实长。

根据上述投影特性，可以得出：如果一直线垂直于一投影面，那么该直线一定在该投影面上积聚，在另两个投影面的投影分别垂直于相应的投影轴；如果一直线的三面投影中，有一个投影具有积聚性，那么直线垂直于该投影面，并在另两个投影面上显实长。

## 二、直线上的点的投影

### （一）点在直线上

点在直线上则点的各个投影必定在该直线的同面投影上；反之，点的各个投影在直线的同面投影上，则该点一定在直线上。

如图 3-25 所示，线段 $AB$ 上有一点 $C$，$C$ 点的正面投影 $c'$ 必在 $a'b'$ 上；其水平投影 $c$ 必在 $ab$ 上。

### （二）点分割线段之比在投影中保持不变

如图 3-25，点 $C$ 点将线段 $AB$ 的各个投影分割成和空间相同的比例，即 $AC:CB=a'c':c'b'=ac:cb=a''c'':c''b''$。

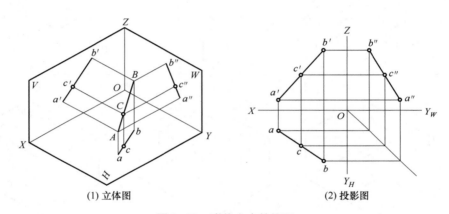

(1) 立体图　　　　　　　　　(2) 投影图

图 3-25　直线上点的投影

## 三、一般位置直线段的实长及其对投影面的倾角

特殊位置直线在三面投影中能直接反映其实长及对投影面的倾角，而一般位置直线的投影则不能直接显示。下面介绍一种根据一般位置直线的投影求作该直线实长及其对投影面倾角的方法——直角三角形法（图 3-26）。

直角三角形法求一般位置线段的实长及其对投影面的倾角的原理：$AB$ 为一般位置直线，过端点 $A$ 作直线平行其水平投影 $ab$ 并交 $Bb$ 于 $C$，得直角三角形 $ABC$。在直角三角形 $ABC$ 中，斜边 $AB$ 就是线段本身，底边 $AC$ 等于线段 $AB$ 的水平投影 $ab$，对边 $BC$ 等于线段 $AB$ 的两端点到 $H$ 面的距离差（$Z$ 坐标差），也即等于 $a'b'$ 两端点到投影轴 $OX$ 的距离差，而 $AB$ 与底边 $AC$ 的夹角即为线段 $AB$ 对 $H$ 面的倾角 $\alpha$。

根据上述分析，只要用一般位置直线在某一投影面上的投影作为直角三角形的底边，用直线的两端点到该投影面的距离差为另一直角边，作出一直角三角形。此直角三角形的斜边就是空间线段的真实长度，而斜边与底边的夹角就是空间线段对该投影面的倾角，这就是直角三角形法。

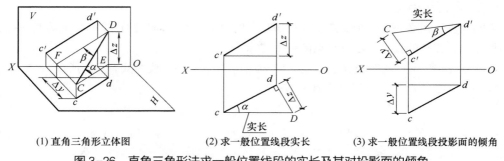

(1) 直角三角形立体图     (2) 求一般位置线段实长     (3) 求一般位置线段投影面的倾角

图3-26 直角三角形法求一般位置线段的实长及其对投影面的倾角

在直角三角形法中，直角三角形包含四个因素：投影长、坐标差、实长、倾角。只要知道两个因素，就可以将其余两个求出来。

直角三角形法的作图要领：

（1）以线段一投影的长度为一直角边；

（2）以线段的两端点相对于该投影面的距离差作为另一直角边（距离差在另一投影面上量取）；

（3）所作直角三角形的斜边即为线段的实长；

（4）斜边与该投影的夹角既为线段与该投影面的倾角。

## 四、两直线的相对位置

空间两直线的相对位置有三种情况：平行、相交和交叉。其中，前两种属于同一平面内的两直线，后一种为异面两直线。

### （一）两直线平行

当空间内两直线平行时，那么它们在各投影面上的同面投影也平行，两直线的投影特性满足平行性和定比性；反之，也成立（图3-27）。

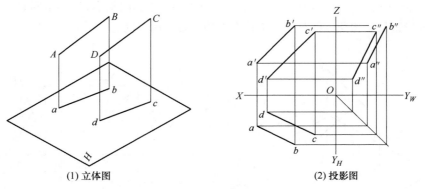

(1) 立体图     (2) 投影图

图3-27 两直线平行

在投影图上判断两直线是否平行的方法：对于一般位置直线来说，只要看它们的两个同面投影是否平行即可，若平行则两直线平行；对于特殊位置直线来说，如果两条直线其中两个投影面上的同面投影平行，这两条直线并不一定平行。如果两直线同为某一投影面的平行线，那么此两直线在该投影面上的投影平行时，方可判定此两直线平行。

## （二）两直线相交

空间两直线相交必有一个交点，该点满足点的投影特性，即它们在投影图上的同面投影也分别相交，且交点的投影一定符合点的投影规律。

如图 3-28 所示，两直线 *AB*、*CD* 相交于 *K* 点，*K* 点是两直线的共有点，所以 *ab* 与 *cd* 交于 *k*，*a'b'* 与 *c'd'* 交于 *k'*，*kk'* 连线必垂直于 *OX* 轴。

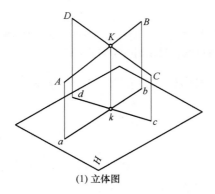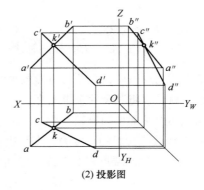

(1) 立体图                        (2) 投影图

图 3-28    两直线相交

示例分析：如图 3-28（2）所示，已知两相交直线 *AB*、*CD* 的水平投影 *ab*、*cd* 及直线 *CD* 和 *B* 点的正面投影 *c'd'* 和 *b'*，求直线 *AB* 的正面投影 *a'b'*。

在投影图上判定两直线是否相交：若两直线相交，则只需观察两直线中的任何两组同面投影是否相交，且交点是否符合点的投影规律即可判定。

## （三）两直线交叉

空间两条直线不平行又不相交，称为交叉直线。

交叉两直线是既不平行又不相交的异面直线，因而其投影不具有平行两直线和相交直线的投影特性。

如图 3-29（1）所示，若空间两直线交叉，则它们的各组同面投影必不同时平行，或者它们的各同面投影虽然相交，但其交点不符合点的投影规律，反之亦然。

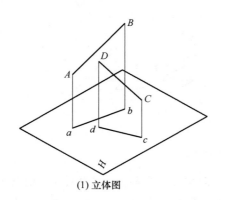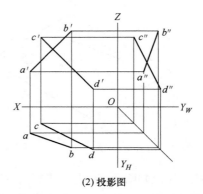

(1) 立体图                        (2) 投影图

图 3-29    两直线交叉

空间交叉两直线的投影的交点，实际上是空间两点的投影重合点。利用重影点和可见性，可以很方便地判别两直线在空间的位置。在图 3-29（2）中，可判断 $AB$ 和 $CD$ 的正面重影点。

$k'(l')$ 的可见性，由于 $K$、$L$ 两点的水平投影 $k$ 比 $l$ 的 $y$ 坐标值大，所以当从前往后看时，点 $K$ 可见，点 $L$ 不可见，由此可判定 $AB$ 在 $CD$ 的前方。同理，从上往下看时，点 $M$ 可见，点 $N$ 不可见，可判定 $CD$ 在 $AB$ 的上方。

## 五、直角投影定理

空间垂直相交（交叉）的两直线，若其中的一直线平行于某一投影面时，则此二直线在该投影面上的投影仍为直角；反之，相交（交叉）的两直线在某一投影面上的投影为直角，若其中有一条直线平行于该投影面时，则该两直线在空间必互相垂直。这就是直角投影定理。

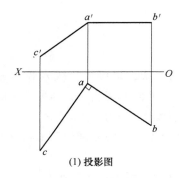
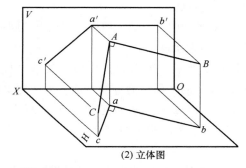

(1) 投影图　　　　　　　　　　(2) 立体图

图 3-30　直角投影

如图 3-30 所示，已知 $AB /\!/ H$ 面，$\angle BAC$ 是直角。

因为 $AB /\!/ H$ 面，则 $AB \perp Aa$；又因为 $AB \perp AC$，则 $AB$ 垂直于由 $Aa$、$AC$ 构成的平面 $P$；而 $AB /\!/ ab$、$ab \perp P$，所以 $ab \perp ac$，即 $\angle bac$ 是直角。

# 第四节　平面的投影

平面是物体表面的重要组成部分，也是主要的空间几何元素之一。本节在学习点和直线的投影基础上，介绍各种位置平面的投影特性、在投影图上表示平面、在平面上求点和线的作图方法，以及根据其投影如何想象出平面对投影面的相对位置。

## 一、平面的表示法

在投影图中表示平面的方法有几何元素表示法和迹线表示法。

### （一）几何元素表示法

空间一平面可以用确定该平面的几何元素的投影来表示，图 3-31 是表示平面的最常见的五种形式。

（1）不在同一直线上的三点。

（2）一直线和直线外一点。

（3）平行两直线。

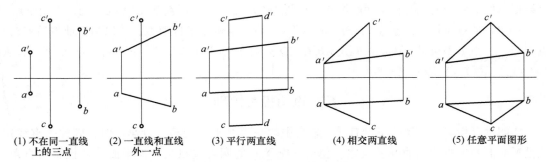

| (1) 不在同一直线<br>上的三点 | (2) 一直线和直线<br>外一点 | (3) 平行两直线 | (4) 相交两直线 | (5) 任意平面图形 |

图 3-31 平面的几何元素表示法

（4）相交两直线。

（5）任意平面图形，如三角形、四边形、圆形等。

## （二）迹线表示法

如图 3-32 所示，平面与投影面的交线，称为平面的迹线，也可用迹线来表示一个平面。用迹线表示的平面称为迹线平面。平面与 $V$ 面、$H$ 面、$W$ 面的交线，分别称为正面迹线（$V$ 面迹线）、水平迹线（$H$ 面迹线）和侧面迹线（$W$ 面迹线）。分别用符号 $P_v$、$P_H$、$P_w$ 表示。$P_V$、$P_H$、$P_W$ 两两相交的交点 $P_x$、$P_Y$、$P_Z$ 称为迹线集合点，它们分别位于 $OX$、$OY$、$OZ$ 轴上。

由于迹线既是平面内的直线，又是投影面内的直线，所以迹线的一个投影与其本身重合，另两个投影与相应的投影轴重合。在用迹线表示平面时，为了简明起见，只画出并标注与迹线本身重合的投影，而省略与投影轴重合的迹线投影。

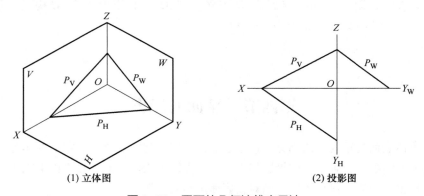

| (1) 立体图 | (2) 投影图 |

图 3-32 平面的几何迹线表示法

# 二、平面的投影特性

根据平面对三投影面的相对位置，平面中分为三类：一般位置平面、投影面垂直面和投影面平行面。

平面的投影特性是由平面对投影面的相对位置决定的。

## （一）一般位置平面

与三个投影面都处于倾斜位置的平面称为一般位置平面，平面与三个投影面的倾角分别用 $\alpha$、$\beta$、$\gamma$ 表示。例如，平面 $\triangle ABC$ 与 $H$、$V$、$W$ 面都处于倾斜位置，其投影如图 3-33 所示。

一般位置平面的投影特征：一般位置平面的三面投影，既不反映实形，也无积聚性，而是都为类似形。

### （二）投影面垂直面

垂直于一个投影面而与其他两个投影面倾斜的平面称为投影面垂直面。

投影面垂直面可分为三种（表3-3）：第一种，垂直于 $H$ 面的平面称为铅垂面；第二种，垂直于 $V$ 面的平面称为正垂面；第三种，垂直于 $W$ 面的平面称为侧垂面。

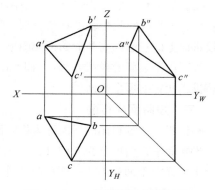

图 3-33　一般平面的投影特征

表 3-3　　　　　　　　　　　投影面垂直面的立体图、投影图及投影特征

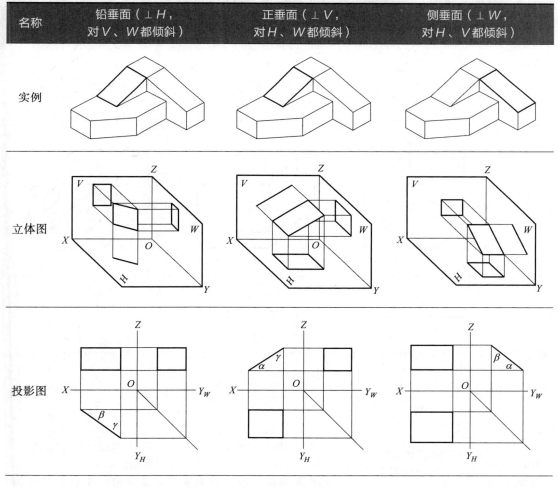

| 名称 | 铅垂面（⊥$H$，对 $V$、$W$ 都倾斜） | 正垂面（⊥$V$，对 $H$、$W$ 都倾斜） | 侧垂面（⊥$W$，对 $H$、$V$ 都倾斜） |
|---|---|---|---|
| 实例 | | | |
| 立体图 | | | |
| 投影图 | | | |
| 投影特性 | ①水平投影积聚成直线，并反映倾角 $\beta$、$\gamma$<br>②其余两个投影具有类似性 | ①正面投影积聚成直线，并反映倾角 $\alpha$、$\gamma$<br>②其余两个投影具有类似性 | ①侧面投影积聚成直线，并反映倾角 $\alpha$、$\beta$<br>②其余两个投影具有类似性 |

投影面垂直面的投影特性有以下两点：第一，平面在垂直的投影面的投影积聚成一条倾斜的直线，该直线与投影轴的夹角分别反映平面对其他两个投影面的倾角；第二，平面在其他两个投影面上的投影仍为类似的平面图形，但面积缩小。

投影面垂直面的辨认方法：当平面的投影有一个积聚成一条倾斜的直线，则此平面必垂直于该投影所在的那个平面。

### （三）投影面平行面

平行于一个投影面的平面称为投影面平行面，该面必垂直于另两个投影面。

投影面平行面可分为三种（表3-4）：第一种，平行于 $H$ 面的平面称为水平面；第二种，平行于 $V$ 面的平面称为正平面；第三种，平行于 $W$ 面的平面称为侧平面。

表3-4　　　　　　　投影面平行面的立体图、投影图及投影特征

| 名称 | 水平面（//$H$，$\perp V$、$\perp W$） | 正平面（//$V$，$\perp H$、$\perp W$） | 侧平面（//$W$，$\perp H$、$\perp V$） |
|---|---|---|---|
| 实例 | 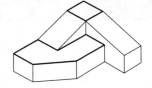 | 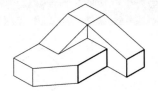 | 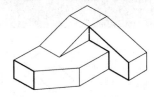 |
| 立体图 | 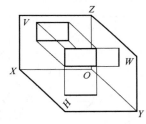 | 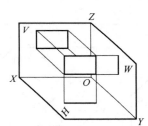 | 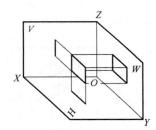 |
| 投影图 | 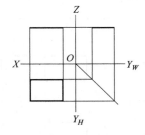 | | 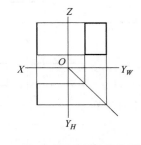 |
| 投影特性 | ①水平投影反映实形 ②其余两个投影具有积聚性 | ①正面投影积聚成直线，并反映倾角 $\alpha$、$\gamma$ ②其余两个投影具有类似性 | ①侧面投影积聚成直线，并反映倾角 $\alpha$、$\beta$ ②其余两个投影具有类似性 |

投影面平行面的投影特性有以下两点：

（1）平面在其平行的投影面上的反映实形；

（2）平面在其他两个投影面上的投影均积聚成直线，且平行于相应的投影轴。

投影面平行面的辨认方法：当平面的投影有两个分别积聚为平行于不同投影轴的直线，而另一个投影为平面形，则此平面平行于该投影所在的那个平面。

## 三、平面上的点和直线

### （一）判断点在平面上

点在平面上的几何条件：点在平面内的任一直线上，则该点必在该平面上，反之也成立。因此在平面上取点，必须先在平面上取一直线，然后再在该直线上取点。这是在平面的投影图上确定点所在位置的依据。相交两直线 $AB$、$AC$ 确定一平面 $P$，点 $D$ 取自直线 $AB$，所以点 $D$ 必在平面 $P$ 上（图3-34）。

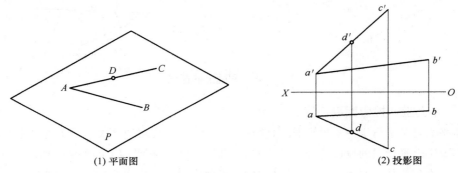

図3-34　平面上的点

**例3-2**：已知四边形 $ABCD$ 的水平投影及 $AB$、$BC$ 两边的正面投影［图3-35（1）］，试完成该四边形的正面投影。

**解**：由于四边形 $ABCD$ 两相交边线 $AB$、$BC$ 的投影已知，即平面 $ABC$ 已知，所以本题实际上是求属于平面 $ABC$ 上的点 $D$ 的正面投影 $d'$。于是在图3-35（2）中连 $abcd$ 的对角线得交点 $k$，过 $k$ 作 $kk'⊥OX$ 轴交 $a'c'$ 于 $k'$，延长 $b'k'$ 交过 $d$ 向上所作的投影线于 $d'$，连 $a'd'$、$c'd'$ 即得所求四边形正面投影。

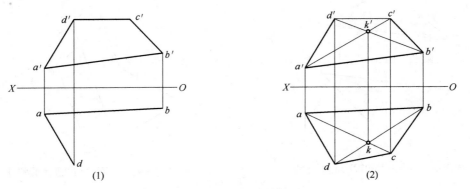

図3-35　补全平面的投影

### （二）判断直线在平面上

定理一：一直线通过平面上的两个点，则此直线一定在该平面内。

定理二：若一条直线通过平面上的一个点且平行于平面上的一直线，则此直线一定在该直线内。

上述两条件之一，是在平面的投影图上选取直线的作图依据。

如图 3-36 所示，相交两直线 AB、AC 确定一平面 P，分别在直线 AB、AC 上取点 M、N，连接 MN，则直线 MN 为平面 P 上的直线。作图方法见图 3-36 所示。

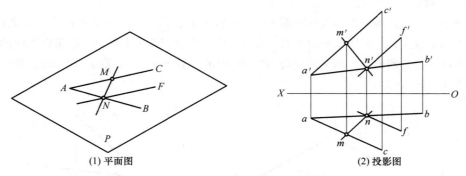

(1) 平面图　　　　　　(2) 投影图

图 3-36　平面上的直线

### （三）平面上的投影面平行线

属于平面且又平行于一个投影面的直线称为平面上的投影面平行线。平面上的投影面平行线一方面要符合平行线的投影特性，另一方面又要符合直线在平面上的条件。如图 3-37 所示，过 A 点在平面内要作一水平线 AD，可过 a' 作 a'd'//OX 轴，再求出它的水平投影 ad、a'd' 和 ad 即为 △ABC 上一水平线 AD 的两面投影。如过 C 点在平面内要作一正平线 CE，可过 c 作 ce//OX 轴，再求出它的正面投影 c'e'、c'e' 和 ce 即为 △ABC 上一正平线 CE 的两面投影。

### （四）平面内最大斜度线

平面内对投影面倾角最大的直线称为该平面的最大斜度线（图 3-38），它是垂直于该平面的投影面平行线的直线。

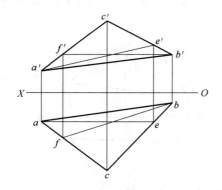

图 3-37　平面上的投影面平行线

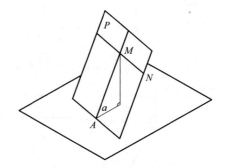

图 3-38　平面上的最大倾斜线

属于平面且垂直于平面内水平线的直线，称为对 H 面的最大斜度线；属于平面且垂直于平面内正平线的直线，称为对 V 面的最大斜度线；属于平面且垂直于平面内侧平线的直线，称为对 W 面的最大斜度线。

最大斜度线的几何意义：平面对某一投影面的倾角就是平面内对该投影面的最大斜度线的倾角。

**例3-3**：已知△ABC的两个投影，试求△ABC平面对H面的倾角α（图3-39）。

**解：**

（1）先在平面内任作一条水平线，如CI（c'1'，c1）；

（2）在△ABC内作一条该水平线的垂线，即对H面的一条最大斜度线，根据直角投影定理，作be⊥c1，由b、e向上求出b'、e'，连b'e'；

（3）用直角三角形法，以be为一直角边，b'e'的高度差△Z为另一直角边构造直角三角形，得最大斜度线与H面的倾角α，即是平面对H面的倾角α。

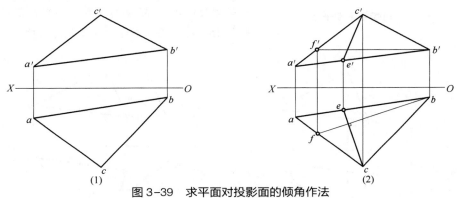

图3-39 求平面对投影面的倾角作法

# 第五节 直线与平面、平面与平面的相对位置

空间内直线、平面的相对位置有直线与平面的相交、平行、垂直和两平面的相交、平行、垂直，本节通过典型示例介绍这三种关系，总结在平面投影图中这三种关系的判断方法。

本节要点：直线与平面的平行以及两平面的平行、直线与平面的相交以及两平面的相交、直线与平面的垂直以及两平面的垂直。

## 一、直线与平面平行

由立体几何可知：

（1）若直线平行于平面内的某一直线，则直线与该平面平行。如图3-40所示，直线CD平行于平面P内的直线AB，则直线AB与平面P平行；

（2）若一直线与某平面平行，则过该平面内任一点都可作出与该直线平行的直线。如图3-40所示，直线CD与平面P平行，过平面P内任一M，可作属于平面P的直线MN∥CD。

根据上述两条定理便可在投影图上解决作直线平行于某平面，作平面平行于某直线或是判别直线与平面是否平行等作图问题。

**例3-4**：过定点作直线与定平面平行。

分析：过空间一点可以作无数条直线与定平面平行，选取与定平面中任一条直线平行的直

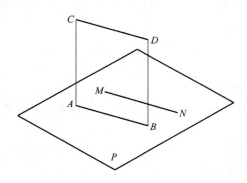

图 3-40    直线与平面平行

线均可。如图 3-41 所示，过点 M 作直线与平面 ABC 平行。

作图：在平面 ABC 中任意选一条直线 AD，过点 M 点直线 MN//AD，则直线 MN 就为所求（作图时为简便，可以过点 M 作直线 MN 平行于平面 ABC 的任一边即可）。

思考：如图 3-41 所示，直线 MN//AD、ME//AC，则 MN、ME 都平行于平面 ABC，这两条相交直线所形成的平面 MNE 与平面 ABC 是平行的。因此平面 MNE 中过 M 点的任意一条直线都是平行于平面 ABC 的，所以该题的答案是无数的。

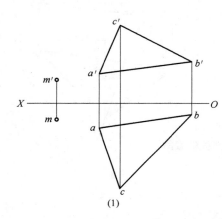

(1)

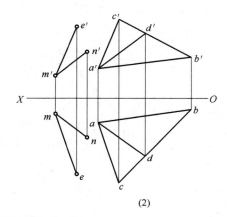

(2)

图 3-41    过点作直线与平面平行

例 3-5：过定点作平面与定直线平行。

分析：过空间一点可以作无数个平面与定直线平行，只需过点作两条相交的直线（表示一个平面），其中一条与定直线平行即可。如图 3-42 所示，过点 A 作平面与直线 MN 平行。

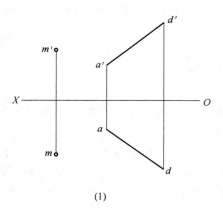

(1)

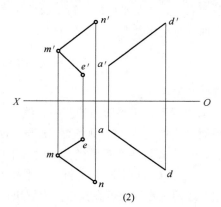

(2)

图 3-42    过点作平面与直线平行作法

作图：过点 A 作直线 AB//MN，然后过点 A 作任一条直线 AC，则 AB、AC 所形成的平面即为所求平面。

## 二、直线与平面相交

若直线与平面既不重合，又不平行，就必定相交，且只有一个交点。

直线与平面相交有三种情况：一般直线与一般平面相交；一般直线与特殊平面相交；特殊直线与一般平面相交。

直线与平面相交的作图步骤如下。

### （一）求交点

交点为直线和平面的共有点，因此找出同一投影中直线和平面的重影点，该点即为交点的其中一个投影，然后根据投影原理求出交点的其他投影。

### （二）判断可见性

直线与平面相交，直线上一部分线段被平面所遮，判断可见性为不可见，用虚线画出不可见的部分，判断依据是直线上的点与平面上的重影点，交点是可见和不可见的分界点。

**例 3-6**：求直线 $MN$ 与平面 $ABC$ 的交点，并判断可见性（图 3-43）。

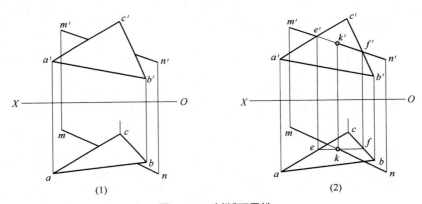

图 3-43　判断可见性

**例 3-7**：求直线 $MN$ 与铅垂面 $ABC$ 的交点。

分析：如图 3-44 所示，设直线 $MN$ 与铅垂面 $ABC$ 相交于 $K$ 点，根据平面投影的积聚性及直线上的点的投影特性，可作得交点的水平投影 $k$ 必在平面的水平投影 $abc$ 和 $mn$ 的交点上，由此可在直线上求出交点 $K$ 的正面投影 $k'$。

作图：

（1）在水平投影上，标出 $mn$ 与 $abc$ 的交点 $k$；

（2）作出 $m'n'$ 上 $K$ 点的投影 $k'$，则 $K(k，k')$ 为所求交点；

（3）可见性判别：$e'(f'')$ 是直线上的点 $E$ 与平面上的点 $F$ 在 $V$ 面上发生的重影，$E$ 可见 $F$ 不可见，则线段 $KE(KN)$ 可见，$KM$ 不可见。

## 三、平面与平面平行

若一平面内两条相交直线，分别平等于另一平面内的两相交直线，则该两平面相互平行。两投影面垂直面平行时，它们具有积聚性的同面投影平行。反之也成立。

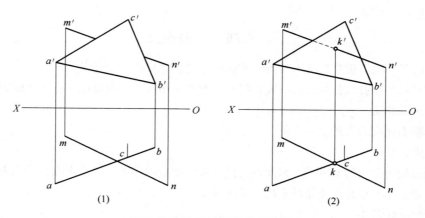

图3-44　直线与铅垂面交点作法

**例3-8:** 判断两平面平行。

**解:** 如图3-45所示,已知平面ABC和DEF是两铅垂面,若它们的水平投影abc//def,则该两平面在空间也互相平行。按照立体几何原理,可证得两平行平面若同时垂直于一投影平面,则两平行平面在该投影面上的投影也互相平行。

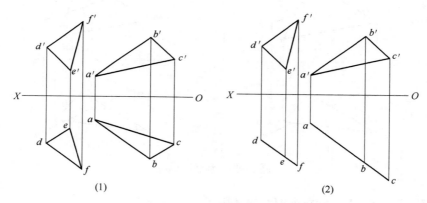

图3-45　判断两平面平行

思考题: 过平面外一点作该平面的平行平面的方法?

# 四、平面与平面相交

空间两平面若不平行就必定相交。相交两平面的交线是一条直线,该交线为两平面的共有线,同时交线上的每个点都是两平面的共有点。

当求作交线时,只要求出两个共有点或一个共有点以及交线的方向即可。若相交两平面之一为垂直面或平行面时,则可利用该平面有积聚性的投影求得交线。

平面与平面相交有两种情况:一种情况是一般平面与一般平面相交,另一种情况是一般平面与特殊平面相交。

平面与平面相交的作图步骤如下。

(1) 求两平面的交线　确定两平面的两个共有点,或确定一个共有点及交线的方向。

（2）判断可见性　判别两平面之间的相互遮挡关系。

判断可见性，用虚线画出不可见的部分，判断依据是平面与平面上的重影点，交线是可见和不可见的分界点。

**例 3-9**：用求一般位置平面交点的方法作两平面的交线。

分析：由于一平面内的直线与另一平面的交点是两平面交线上的点，所以只需求出两个这样的点，就可以求出交线。平面 *ABC* 与平面 *DEF* 相交，其交线可由平面 *DEF* 中的直线 *EF* 和 *ED* 与平面 *ABC* 的交点 *M* 和 *N* 确定。

作图方法如图 3-46（2）所示，过直线 *EF*、*ED* 分别作辅助正垂面 *P* 和 *Q*，分别求得点 *M* 和 *N*，连接 *MN*，即为所求交线。

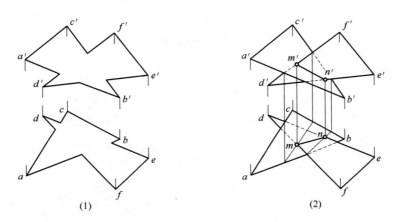

图 3-46　一般位置平面交点的方法作两平面的交线

利用重影点Ⅰ和Ⅱ判别正面投影的可见性，利用重影点Ⅲ和Ⅳ判别水平投影的可见性。

**例 3-10**：求平面 *ABC* 与铅垂面 *P* 的交线（图 3-47）。

分析：因为铅垂面 *P* 的水平投影 *PH* 有积聚性，按交线的性质，铅垂面与平面 *ABC* 的交线的水平投影必在 *PH* 上，同时又应在平面 *ABC* 的水平投影上，因而可确定交线 *MN* 的水平投影 *mn*，进而求得 *m'n'*。

作图：

（1）如图 3-47 所示，在水平投影，确定 *PH* 与 *ab* 和 *ac* 的交点 *m* 和 *n*，连接 *mn*；

（2）作为平面 *ABC* 上的点 *M* 和 *N*，求得 *m'* 和 *n'*，连接 *m'n'*；

（3）判别可见性，按前节求直线与平面交点，对直线判别可见性的方法；

（4）画出可见和不可见轮廓，得出最后的投影。若铅垂面改用迹线平面表示，其作法与上述相同，如图 3-47（1）所示。

**例 3-11**：求平面 ABC 与正垂面 DEF 的交线（图 3-48）。

**解：**

（1）如图 3-48 所示，在正投影，平面 *DEF* 汇聚成一条线 *d'e'f'*，确定 *d'e'f'* 与 *a'c'* 和 *b'c'* 的交点 *m'* 和 *n'*，连接 *m'n'*；

（2）作平面 *ABC* 上的点 *M* 和 *N*，求得 *m* 和 *n*，连接 *mn*；

（3）判别可见性，按前节求直线与平面交点，对直线判别可见性的方法；

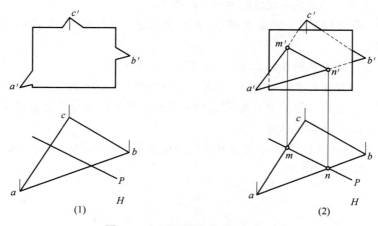

图3-47  平面与铅垂面交线作法

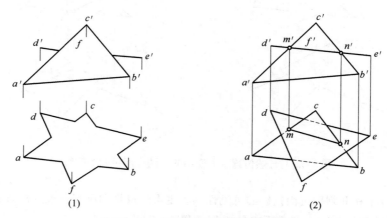

图3-48  求平面与正垂面交线作法

（4）画出可见和不可见轮廓，得出最后的投影。

第四章

CHAPTER

# 轴测投影原理及画法

　　三面投影图因作图简便、度量性好而广泛应用在工程实践中，但这种图立体感差，没有学过投影理论的人不易看懂。因此，在工程上还采用在一个投影面上同时反映物体长、宽、高三个坐标，直观性好的轴测投影图（图4-1）。轴测投影图直观性好，但是度量性差，在工程中一般作为辅助用图。

## 第一节　轴测投影的基本知识

### 一、轴测图的形成

　　将物体和确定其空间位置的直角坐标系，沿不平行于任一坐标面的 $S$ 方向，用平行投影法将其投射在单一投影面 $P$ 上，所得到的投影称为轴测投影。用这种方法画出的图，称为轴测投影图，简称轴测图（轴测图的形成见图4-1）。

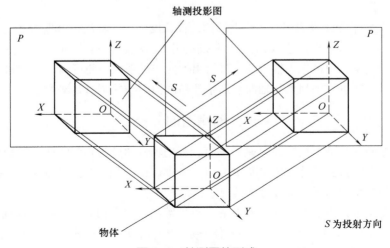

图 4-1　轴测图的形成

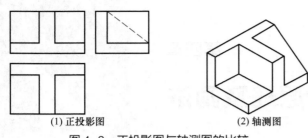

（1）正投影图　　　　　　　　（2）轴测图

图 4-2　正投影图与轴测图的比较

多面正投影图与轴测图的比较如图 4-2 所示。

多面正投影图绘制图样，它可以较完整地确切地表达出建筑各部分的形状，且作图方便，但这种图样直观性差。

轴测图能同时反映形体长、宽、高三个方向的形状，具有立体感强、形象直观的优点，但不能确切地表达建筑原来的形状与大小，且作图较复杂，因而轴测图在工程上一般仅用作辅助图样。

## 二、轴测轴和轴间角

建立在物体上的坐标轴在投影面上的投影称作轴测轴，轴测轴间的夹角称作轴间角。

建立在物体上的坐标轴为 $OX$、$OY$、$OZ$；投影面上的轴测轴为 $O_1X_1$、$O_1Y_1$、$O_1Z_1$；轴间角为 $\angle X_1O_1Y_1$、$\angle X_1O_1Z_1$、$\angle Y_1O_1Z_1$。

## 三、轴向变形系数（伸缩系数）

物体上平行于坐标轴的线段在轴测图上的长度与实际长度之比称作轴向变形系数。

$O_1A_1/OA=p$ 称为 $X$ 轴向变形系数；$O_1B_1/OB=r$ 称为 $Y$ 轴向变形系数；$O_1C_1/OC=q$ 称为 $Z$ 轴向变形系数。

## 四、轴测投影的基本性质

由于轴测投影属于平行投影，因此轴测投影具有平行投影的特性。

### （一）平行性

（1）物体上相互平行的线段的轴测投影仍相互平行；

（2）物体上平行于坐标轴的直线段的轴测投影仍与相应的轴测轴平行。

### （二）定比性

（1）物体上两平行线段或同一直线上的两线段长度之比，轴测投影保持不变；

（2）凡是与坐标轴平行的直线，就可以在轴测图上沿轴向进行度量和作图。

如果给出轴间角，便可作出轴测轴；再给出轴向变形系数，便可画出与空间坐标轴平行的线段的轴测投影。所以，轴间角和轴向变形系数是画轴测图的两组基本参数。

## 五、轴测图的分类

根据投射方向 $S$ 与轴测投影面 $P$ 是否垂直，可把轴测图分为正轴测图与斜轴测图。

正轴测图为投射方向 $S$ 与轴测投影面 $P$ 垂直；斜轴测图为投射方向 $S$ 与轴测投影面 $P$ 倾斜。

根据轴向伸缩系数的不同情况分为等测、二测和三测。

因此轴测图又可分为三种：第一种为正（斜）等测，三个轴向伸缩系数都相等，即 $p=q=r$；第二种为正（斜）二测，其中两个轴向伸缩系数相等，即 $p=r\neq q$ 或 $p=q\neq r$ 或 $p\neq r=q$；第三种为正（斜）三测，三个轴向伸缩系数互不相等，即 $p\neq q\neq r$。

园林制图中常用的轴测图为正等测和斜二测。本书主要介绍正等测轴测图和斜二测轴测图的画法。

# 第二节 正等测轴测图

## 一、轴间角和轴向变形系数

当投射方向 $S$ 垂直于轴测投影面 $P$ 时，形体上三个坐标轴的轴向变形系数相等，即三个坐标轴与 $P$ 面倾角相等（图 4-3）。此时在 $P$ 面上所得到的投影称为正等轴测投影，简称正等测。

根据计算，正等测的轴向变形系数 $p = q = r = 0.82$，轴间角 $\angle X_1 O_1 Z_1 = \angle X_1 O_1 Y_1 = \angle Y_1 O_1 Z_1 = 120°$。画图时，规定把 $O_1 Z_1$ 轴画成铅垂位置。

为作图方便，常采用简化变形系数，即取 $p = q = r = 1$。这样便可按实际尺寸画图，但画出的图形比原轴测投影大些，各轴向长度均放大 $1/0.82 \approx 1.22$ 倍。

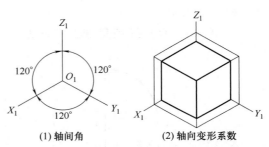

(1) 轴间角　　　(2) 轴向变形系数

图 4-3　正等测轴测图的轴间角及轴向变形系数

## 二、正等测轴测图的画法

### （一）平面立体的画法

画法如下：

（1）根据开体结构的特点，在三面投影图上建立坐标系，一般选在形体的对称轴线上，且放在顶面或底面处；

（2）根据轴间角，画正等测轴测图；

（3）画三面投影图中水平投影的轴测图；

（4）在水平投影的轴测图上的各个点作 $O_1 Z_1$ 轴平行线；

（5）量取各点的高度；

（6）连接各相应的点；

（7）可见的线用粗实线加粗，不可见的线用虚线或不画；

（8）擦除辅助线，完成作图。

**例 4-1**：根据正投影图，绘制六棱柱的正等测轴测图（图 4-4）。

### （二）圆的正等测图的画法

当圆处于正平、水平、侧平位置时，圆的正等测轴测图均为椭圆，画图时常用四心法，画法见图 4-5：

（1）在投影图中画出圆的外切正方形，$A$、$B$、$C$、$D$ 为切点；

（2）作外切正方形的正等测轴测图，得一菱形；

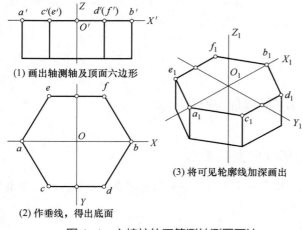

(1) 画出轴测轴及顶面六边形

(2) 作垂线，得出底面

(3) 将可见轮廓线加深画出

图 4-4　六棱柱的正等测轴测图画法

（3）菱形内钝角顶点为 $O_1$ 和 $O_2$，连接 $O_2A$、$O_1B$（或 $O_1C$、$O_1D$）与两锐角顶点的连线交于 $O_3$ 和 $O_4$，$O_1$、$O_2$、$O_3$、$O_4$ 分别为椭圆的四个圆心；

（4）分别以 $O_1$ 和 $O_2$ 为圆心、以 $O_2A$（$O_1C$）为半径画圆弧 $AB$、$CD$，再以 $O_3$ 和 $O_4$ 为圆心、$O_4A$（或 $O_3C$）为半径画圆弧 $AD$、$BC$，即为所求椭圆，其中 $A$、$B$、$C$、$D$ 为四段圆弧的连接点。

处于正平和侧平位置圆的正等测图画法与上述方法相同，但要注意椭圆长、短轴的方向。

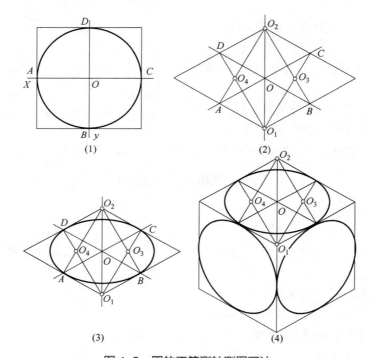

图 4-5　圆的正等测轴测图画法

# 第三节　斜二测轴测图

在园林制图时有些图的一个投影面比较复杂，另两个面较简单，这个时候可以采用斜二测轴测图。

当投射方向 $S$ 倾斜于轴测投影面 $P$，形体上两个坐标轴的轴向变系数相同时，在 $P$ 面上所得到的投影称为斜二等轴测投影，简称为斜二测。

# 一、正面斜二测轴测图

当轴测投影图与正立面（$V$ 面）平行或重合时，所得到的斜轴测图称为正面斜轴测图。

## （一）轴间角及轴向伸缩系数

由于 $XOZ$ 坐标面平行于轴测投影面（正平面），其投影不发生变形，故轴间角 $\angle X_1 O_1 Z_1 =$ 90°，而 $OY$ 与 $OX$（或水平线）的夹角，可选 30°、45°、60°（一般常取 45°）；当轴向变形系数 $p = q = r = 1$ 时，称为正面斜等侧轴测图；当 $p = r = 1$、$q = 0.5$ 时，称为正面斜二测图。轴测轴 $OY$ 的方向可根据需要选择。图 4-6 给出了四种不同形式的斜二测轴测图。

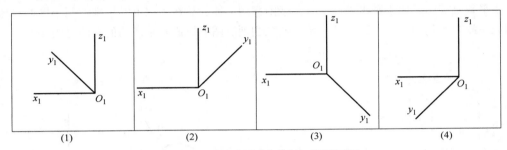

图 4-6　四种不同形式的斜二测轴测图

## （二）正面斜二测轴测图的画法举例

例 4-2：根据围栏的正投影图，画其斜二测轴测图（图 4-7）。

(1) 正投影图　　　　　　　　　　(2) 斜二测轴测图

图 4-7　围栏的正投影图及斜二测轴测图画法

例 4-3：根据园林花窗的正投影图，画其斜二测轴测图（图 4-8）。

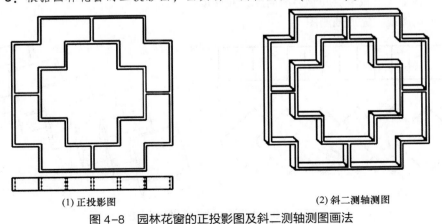

(1) 正投影图　　　　　　　　(2) 斜二测轴测图

图 4-8　园林花窗的正投影图及斜二测轴测图画法

## 二、水平斜二测轴测图

当轴测投影图与水平面（$H$ 面）平行或重合时，所得到的斜轴测图称为水平斜轴测图。

### （一）轴间角及轴向伸缩系数

由于 $XOY$ 坐标面平行于轴测投影面（水平面），不论投射方向如何变化，$O_1X_1$ 轴与 $O_1Y_1$ 轴之间的轴间角 $\angle X_1O_1Y_1 = 90°$。当轴向变形系数 $p=q=r=1$ 时，称为水平斜等侧轴测图；当 $p=q=1$、$r=0.5$ 时，称为水平斜二测图。

由于坐标轴 $OZ$ 与轴测投影面垂直，投射方向 $S$ 又倾斜于轴测投影面，所以轴测轴 $OZ$ 是一条倾斜线。作图时习惯仍将 $OZ$ 轴画成铅垂线，而将 $O_1X_1$ 和 $O_1Y_1$ 相应转动一个角度。

水平斜轴测图适用于画水平面上有复杂图案的形体，故在工程上常用来绘制小区的总体规划图或一幢建筑物的水平剖面图等。水平斜二测轴测图的形成及轴测图的画法见图 4-9。

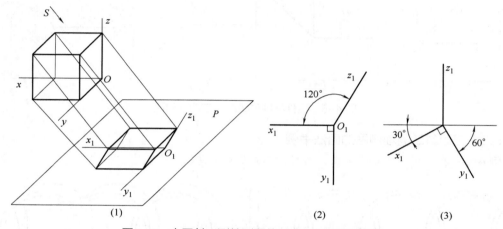

图 4-9　水平斜二测轴测图的形成及轴测图的画法

### （二）水平斜二测轴测图的画法

（1）如图 4-10 所示，画花坛的平面图，并将其逆时针旋转 30°；

（2）过平面的各个顶点向上作垂线；

（3）在各垂线上截取空间物体的高度，并连接；

（4）加深图线，完成轴测图。

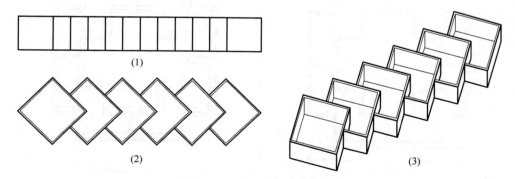

图 4-10　水平斜二测轴测图的画法

第五章

CHAPTER

# 透视图的原理及画法

**5**

在人们的日常生活中，许多同样的物体看起来近大远小、近高远低、近宽远窄，相互平行的直线会在无限远的地方交于一点，这种现象称为透视。

## 第一节　透视的基本知识

透视投影属于中心投影，物体的透视投影图称为透视图。它相当于在有限距离内看到的物体形状，比物体的轴测图更加逼真，并且随物体尺寸的增大，这两种图的差异越加明显。因此，在建筑设计中常绘制建筑物的透视图，用来比较、审定设计方案。

### 一、透视的概念

如图 5-1 所示，在观察者和物体之间设立一个投影面（画面），并假设画面是透明的。观察者有物体时，由眼睛发出一系列的视线通过物体的各个可见点，视线穿过画面并与画面有一系列的交点，依次连接这些交点即得空间物体的透视图。在观察者看来，空间物体就好像处在画面上图像的位置，因此，透视图具有很强的立体感。"透视"原意就是"透过去看"的意思。

### 二、透视图常用的术语、符号

从几何作图角度看，作透视图就是求作直线（视线）与画面的交点。在作图过程中，要涉及一些特定的点、线和面，弄清它们的确切含义及其相互关系，有助于理解透视的形成过程并掌握作图方法。透视图的基本术语、符号如下（图 5-2）。

1. 画面 P

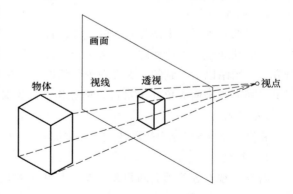

图 5-1　透视的形成

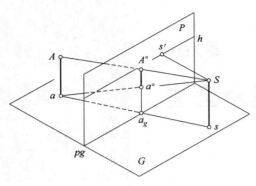

图5-2　透视图常用术语的符号

画面指透视图所在的平面，处于人眼和物体之间，且一般为铅垂位置。因此，画面在水平面上的投影为一直线，用 $p$-$p$ 表示。

2. 基面 $G$

基面指放置物体的水平面，也可以理解为地面。在绘图时，可以把物体的水平面投影所在的水平面作为基面。

3. 基线 $g$-$g$

基线指画面与基面的交线。由于画面多为垂直于基面，故基线 $g$-$g$ 与 $p$-$p$ 重合。

4. 视点 $S$

视点人眼所在的位置，即投影中心。

5. 站点 $s$

站点指视点 $S$ 在基面 $G$ 上的正投影，相当于人站立的位置。

6. 视线

视线指过视点 $S$ 的所有直线。也可理解为由投影中心（光源）发出的所有光线。

7. 主视线 $Ss'$

主视线指垂直于画面的视线，也是视点与心点的连线。

8. 心点 $s'$

心点是视点 $S$ 在画面 $P$ 上的正投影，也是主视线 $Ss'$ 与画面的垂足。画面上只有一个心点，是与画面成90°角的水平线的灭点。

9. 视平面

视平面指过视点 $S$ 的所有平面。

10. 水平视平面

水平视平面指过视点 $S$ 的水平面。

11. 视平线 $h$-$h$

视平线是水平视平面与画面的交线，且为一条过心点 $s'$ 的水平线，是在画面上假设的一条平线，它是通过心点所作的一条水平线，因与眼睛等高，所以称为视平线；它又是画面上下的分界线，眼睛以上看到的东西必在视平线以上，在眼睛以下看到的东西必在视平线以下。视平线又是所有与画面成角（不平行）而互相平行的水平线段的消灭处。

12. 视高 $Ss$

视高指视点 $S$ 到基面的距离，即人体的高度。在作图时，视平线 $h$-$h$ 到基面的距离也为视高。

13. 视距

视距指视点 $S$ 到画面的距离，也为主视线 $Ss'$ 的长度或站点 $s$ 到画面的距离。

14. 基点

空间点 $A$ 在基面上的正投影 $a$ 即为基点。在作透视图时，可把物体的水平投影（或建筑的平面图）看成是基点的集合。

15. 基透视

基点 $a$ 的透视 $a°$ 即为 $A$ 点的基透视。

16. 透视高度

空间 $A$ 的透视 $A°$ 与基透视 $a°$ 之间的距离（$A°a°$）为 $A$ 的透视高度，始终位于一条铅垂线上。

17. 视角

视角指眼睛看景物视线所成的角，以 60° 视角为视物最清楚的角度。

18. 视圈

视圈又称视域，即在画法上以 60° 视角发射的视线转 360°，在画面形成的假设范围，也是眼前看得最清楚的范围。人距离画面远则视圈大，距离画面近则视圈小。在透视作图时，应把图形画在视圈之内，因为超出视圈所画的图形会变形。

19. 灭点

假定实际互相平行的水平线段，因与画面不平行，向远处延伸，越远越逐渐靠拢，必然产生缩小的视觉效果，逐渐缩短直至一个点而消失，此点即为透视的消灭点。

自视点 $S$ 作线段 $AB$ 的平行线，平行线与画面的交点即为 $AB$ 的灭点。

透视学上因线段与画面所形成的角度（方向）不同，所以消灭点不同，如有心点、距点、余点、天点、地点等。

20. 消灭线

消灭线指画透视图时，物体向远处延伸连接灭点的线。

21. 距点

在画面的视平线上，距点与心点的距离等于视距。距点有两个，是与画面成 45° 角水平线的消灭点。

22. 量点

与基线及已知直线 $AB$ 交等角的辅助线的灭点，称为直线 $AB$ 的量点。量点到灭点的距离等于视点到灭点的距离，量点有两个。

23. 余点

余点是与画面成 90° 或 45° 角之外其余角度水平线段的消灭点。在画面的视平线上，余点有许多个。

24. 天点

天点是近低远高向上倾斜平行直线的消灭点。因为它与地面不平行而消灭在视平线以上，故称天点。有心点方向的天点，有距点方向的天点，有余点方向的天点。

25. 地点

地点是近高远低向下倾斜平行直线的消灭点。因为它与地面不平行而消灭在视平线以下，故称地点。有心点方向的地点，有距点方向的地点，有余点方向的地点。

26. 真高线

画面上的点其透视为该点本身，其基透视为基点且在基线上，此时点的透视高度反映点的真实高度，称为真高线。

27. 迹点

将线段 $AB$ 延长，与画面 $P$ 的交点为 $AB$ 的迹点。

28. 全透视

线段 $AB$ 所在的直线的透视称为线段 $AB$ 的全透视，也就是迹点与灭点的连线。

29. 迹灭点

迹灭点指线段 $AB$ 的基面投影 $ab$ 的灭点。

# 三、透视图的分类

在直角坐标系中，根据物体的长、宽、高三个方向的主要轮廓线相对画面的位置，可将透视图分为以下三种。

## （一）一点透视（即平行透视）

当形体的一个主要立面与画面平行，即有两个轴与画面平行，另一轴与画面垂直时，所形成的透视为一点透视或平行透视（图5-3），平行透视只有一个灭点即心点。一点透视表现范围广、纵深感强，适合表现庄重、严肃的室内空间。缺点是比较呆板，与真实效果有一定距离。它适用于表现较大且对称的景物，如门廊、入口或室内透视，显得端庄和稳重。

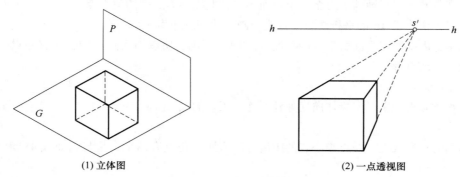

(1) 立体图　　　　　　　　　(2) 一点透视图

图5-3　一点透视的形成

## （二）二点透视（即成角透视）

当形体相邻的两个立面与画面相交，即有两个轴与画面相交，另一轴与画面平行时，形成的透视为两点透视或成角透视（图5-4）。二点透视图面效果比较自由、活泼，能比较真实地反映空间，缺点是角度选择不好易产生变形。两点透视是常用的一种类型，多用于表现建筑外貌特征，适用于画外景。

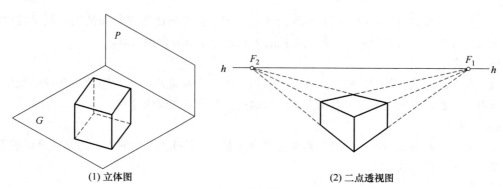

(1) 立体图　　　　　　　　　(2) 二点透视图

图5-4　二点透视的形成

## （三）三点透视（即倾斜透视）

使画面与基面倾斜，物体的 $XYZ$ 三个坐标方向均与画面倾斜，称三点透视或倾斜透视

（图 5-5）。在园林工程制图中为了表现高大、雄伟的建筑物及视野较大的透视鸟瞰常用三点透视。三点透视根据透视的角度不同又分为仰视透视和俯视透视。

仰视透视：如画高大建筑物时，站在较近距离而抬头画面的透视，称为仰视透视。假设的画面倾斜，视心线必须与画面垂直。

俯视透视：如站在大楼顶上低头画面的透视，称为俯视透视。假设的画面倾斜，视心线必须与画面垂直。

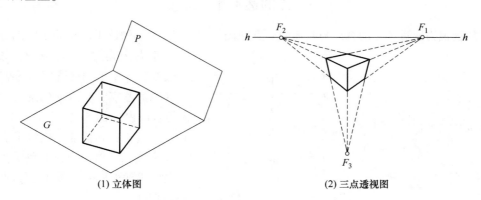

(1) 立体图　　　　　(2) 三点透视图

图 5-5　三点透视的形成

## 四、透视的基本规律

透视具有消失感、距离感，相同大小的物体呈现出有规律的变化。通过分析可以发现产生这些现象的一些透视规律。苏轼的《题西林壁》中，"横看成岭侧成峰，远近高低各不同"可以反映透视的一些特点。

（1）凡是和画面平行的直线，透视也和原直线平行。凡和画面平行、等距的等长直线，透视也等长。

如图 5-6 所示：若 $AB/\!/ab$，$Aa/\!/Bb$；$AB=ab$，$Aa=Bb$，$Aa=Bb$［图 5-6（1）］；则 $AB/\!/ab/\!/A^{\circ}B^{\circ}/\!/a^{\circ}b^{\circ}$，$Aa/\!/Bb/\!/A^{\circ}a^{\circ}/\!/B^{\circ}b^{\circ}$；$A^{\circ}a^{\circ}=B^{\circ}b^{\circ}$，$A^{\circ}a^{\circ}=B^{\circ}b^{\circ}$［图 5-6（2）］。

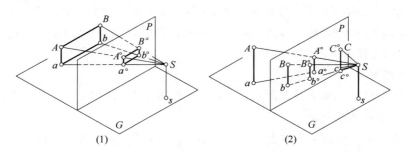

(1)　　　　　　　(2)

图 5-6　透视规律

（2）凡在画面上的直线的透视长度等于实长。当画面在物体和视点之间时，随着距离画面远近的变化，相同的体积、面积、高度和间距呈现出近大远小、近高远低、近宽远窄和近疏远密的特点。

# 第二节　点的透视图画法

## 一、点的透视和基透视

点的透视为通过该点的视线与画面的交点［图 5-7（1）］。点的透视用相同于空间点的字母并于右上角加"°"标记，如点 $A$ 的透视为 $A°$，点 $A$ 在基面上的投影 $a$ 为 $A$ 点的基点，基点 $a$ 的透视称为点 $A$ 的基透视［图 5-7（2）］，用 $a°$ 标记。由点 $A$ 和 $a$ 就唯一确定了点 $A$ 的空间位置。可以看出，$A$ 和 $a$ 位于同一条铅垂线上，称线段 $A°a°$ 为点 $A$ 的透视高度。

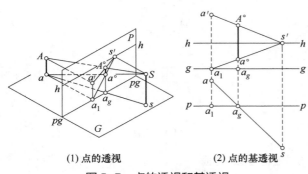

(1) 点的透视　　　　　(2) 点的基透视

图 5-7　点的透视和基透视

如图 5-7 所示：已知画面后一空间点 $A$，距基面高为 $L$，点 $A$ 的水平投影为 $a$，视高为 $H$，站点位置 $s$，求点 $A$ 的透视和基透视。

作图原理：点 $A$ 在 $G$ 面、$P$ 面上的投影分别为 $a$ 和 $a'$，视点 $S$ 在 $G$ 面、$P$ 面上的投影分别是 $s$ 和 $s'$，则 $s'a'$ 为视线 $SA$ 的 $P$ 面投影，因点 $A$ 的透视为 $A°$ 为 $SA$ 与 $P$ 的交点，$A°$ 在 $P$ 面上的正投影为其本身，同时，根据直线上点的正投影特性，$A°$ 必在 $s'a'$ 上。直线 $sa$ 为视线 $SA$ 的 $G$ 面正投影，因此 $A°$ 的 $G$ 面投影 $a_p$（$a_g$）必在 $sa$ 上，且位于基线 $g$-$g$ 上。

同理可得，$A$ 点的基透视 $a°$ 必在 $s'a_1$ 上，$a°$ 的 $G$ 面投影也是 $a_p$（$a_g$）。

由此可以得出点的透视基本规律：点的透视 $A°$ 与基透视 $a°$ 始终在一条铅垂线上，它们之间的距离称作点的透视高度。

具体作图时，为清晰起见，常将画面 $P$ 和基面 $G$ 展开到一个平面上，即画面 $P$ 不动，将基面绕基线 $g$-$g$ 向下旋转 90° 后，再将两面分开。基面 $G$ 可放在画面 $P$ 的正上方或正下方，并且和的边框也可以去掉不画。

作图步骤如下：

（1）求视线 $SA$ 在画面 $P$ 及基面 $G$ 上的投影　根据 $L$ 及 $a$ 求出 $a'$，并根据 $s$ 在视平线上求得 $s'$，连接 $s'a'$、$sa$ 即为所求。

（2）求视线 $Sa$ 在画面 $P$ 上的投影　过 $a$ 作 $p$-$p$ 的垂线，垂足为 $a_1$。过 $a_1$ 向上引铅垂线，交 $g$-$g$ 于 $a_1'$，连接 $s'a_1'$ 即为所求。

（3）求 $A°$ 和 $a°$ 在基面上的正投影 $a_g$（$a_p$）　$sa$ 与 $p$-$p$ 交于 $a_p$，过 $a_p$ 向上引铅垂线，交 $g$-$g$ 于 $a_g$。

（4）求 $A$ 点的透视和基透视　过 $a_g$ 向上引铅垂线，与 $s'a'$、$s'a_1'$ 的交点 $A°$、$a°$ 分别为 $A$ 的透视和基透视。

## 二、五种不同位置的点的透视及基透视

（1）点在画面上，其透视为该点本身，其基透视为基点，必在基线上，此时点的透视高度（$A^\circ a^\circ$）等于空间点的高度，称为真高线（图5-8）。

（2）点在基面上，点的透视与基透视重合，透视高度为零（图5-9）。

（3）点在画面前，点的透视高度大于点的空间高度（图5-10）。

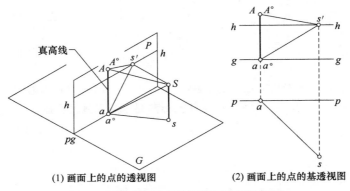

(1) 画面上的点的透视图　　　　　(2) 画面上的点的基透视图

图5-8　画面上的点的透视图及基透视图

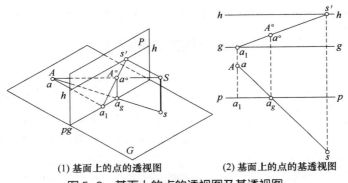

(1) 基面上的点的透视图　　　　　(2) 基面上的点的基透视图

图5-9　基面上的点的透视图及基透视图

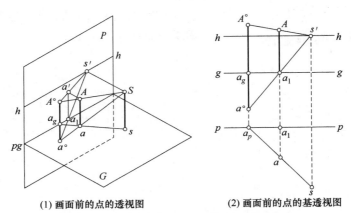

(1) 画面前的点的透视图　　　　　(2) 画面前的点的基透视图

图5-10　画面前的点的透视图及基透视图

（4）点的画面后，点的透视设计小于点的空间高度（图 5-7）。

（5）点在水平视平面上，点的透视必在视平线上（图 5-11）。

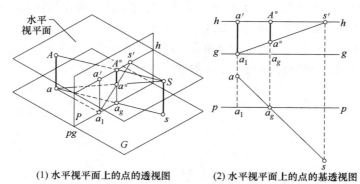

(1) 水平视平面上的点的透视图     (2) 水平视平面上的点的基透视图

图 5-11   水平视平面上的点的透视图及基透视图

# 第三节   直线的透视

空间直线的透视，可看作是视点和该直线所形成的视平面与画面的交线。

## 一、直线的透视规律

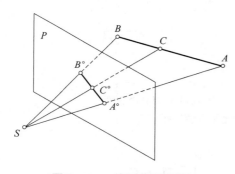

图 5-12   一般直线的透视

（1）直线的透视，一般情况下仍然是直线（图 5-12）。其透视位置可由直线上的两个点的透视确定。自视点 S 分别向直线 AB 上的点 A 与 B 引视线 SA 和 SB，SA 与画面交于点 A°，SB 与画面交于点 B°。A° 与 B° 的连线，就是直线 AB 在画面上的透视。在这里，A°B° 也可以看作是通过直线 AB 的视平面 SAB 与画面的交线。

（2）通过视点 S 的直线的透视为一点，其基透视为一直线（图 5-13）。

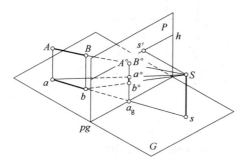

图 5-13   通过视点 S 的直线的透视和基透视

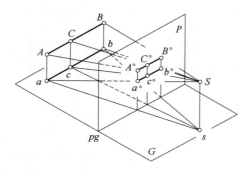

图 5-14   直线上的点的透视和基透视

（3）直线上的点，其透视与基透视分别在该直线的透视与基透视上，如图 5-14 中，直线 $AB$ 上的点 $C$ 的透视 $C°$ 和基透视 $c°$ 分别在 $A°B°$ 和 $a°b°$ 上。

（4）直线的迹点、灭点、全透视（图 5-15）。

① 直线与画面的交点称为直线的迹点 $T$。直线上距画面无限远点的透视称为直线的灭点 $F$。实际上，过视点作直线的平行线与画面的交点就是直线的灭点。

② 迹点与灭点的连线 $TF$ 称为直线的全透视，直线的透视必在该直线的全透视上。$TF$ 的长度是有限的，由此可知，无限长的直线的透视为一有限长的线段（$TF$ 决定该直线的透视方向）。

（5）直线的基线、基灭点。

① 直线在基面上的投影称为直线的基线，基线的灭点为直线的基灭点。

② 与画面倾斜的水平线的灭点和基灭点是同一个点，且一定在视平线上。

（6）从观察者的角度来看，近低远高的直线，灭点在视平线以上，称为天点。近高远低的直线，灭点在视平线以下，称为地点。一般位置直线的灭点、基灭点连线垂直于视平线。

（7）相互平行的一组直线，具有共同的灭点，就是在透视图中，与画面相交的直线，透视图交于一点（灭点），如图 5-16 所示。

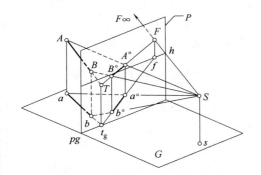

图 5-15　直线的迹点、灭点和全透视

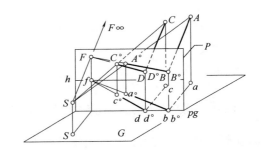

图 5-16　平行直线的透视

一切与画面平行的直线没有灭点。就是说与画面平行的直线，透视与直线本身平行；两条平行的画面平行线的透视仍相互平行；画面平行线上条线段长度之比，等于这些线段透视的长度之比。

## 二、几种画面相交线的透视

与画面相交的直线有迹点和灭点，其透视必在全透视上。画面相交线分为三种形式：与画面倾斜相交的基面平行线，与画面垂直相交的直线，倾斜于基面的画面相交线。

### （一）与画面倾斜相交的基面平行线

一切平行于基面的直线，其灭点均在视平线上。与画面倾斜相交的基面平行线，其透视与基透视具有共同的灭点。

如图 5-17 所示：直线 $AB$ 平行于基面且与画面相交于 $N$（直线 $AB$ 的迹点），过视点 $S$ 平行于 $AB$ 的视线 $SF$ 是一条水平视线，它与画面的交点 $K$（直线 $AB$ 的灭点）必在视平线 $h-h$ 上。另外，一切水平线都与其水平投影平行，水平线的灭点同时也是其水平投影的灭点。基面平行线的灭点与迹灭点是同一个点。

### （二）与画面垂直相交的直线

一切垂直于画面的直线其灭点为心点，与画面垂直相交的直线透视见图5-19。

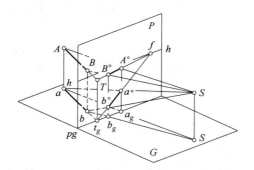

图5-17    与画面倾斜相交的基面平行线的透视

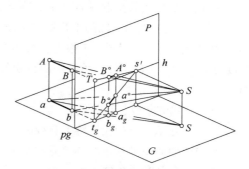

图5-18    与画面垂直相交的直线的透视

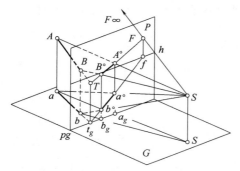

图5-19    倾斜于基面的画面相交线的透视

### （三）倾斜于基面的画面相交线

其灭点与该直线的倾斜度有关，其求法较复杂，实际作图中也较少采用。在实际作图中可以采用分别求点 $A$ 和点 $B$ 的透视及基透视，然后分别连接两点的透视和基透视即可（图5-19）。

## 三、画面平行线的透视

### （一）画面平行线的透视特性

与画面平行的直线无迹点和灭点，且具有如下四点透视特性（图5-20）：一为近长远短，距离画面近的线其透视长，远则短，画面上的直线其透视反映直线的实长；二为画面平行线的透视始终平行于该直线本身，其基透视平行于基线或视平线；三为相互平行的画面平行线，其透视和基透视各自仍相互平行；四为画面平行线上各线段长度之比，等于这些线段透视的长度之比。

### （二）几种画面平行线的透视

（1）水平的画面平行线，透视与基透视均为水平线（图5-21）。

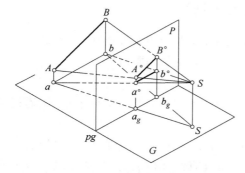

图5-20    画面平行线的透视特性

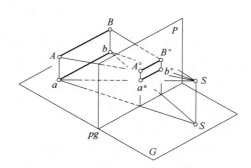

图5-21    水平的画面平行线的透视及基透视

（2）垂直于基面的直线（铅垂线）的透视仍为铅垂线，其基透视为一点（图5-22）。

（3）画面上的直线透视仍为其本身，其基透视为其在基面上的投影（图5-23）。

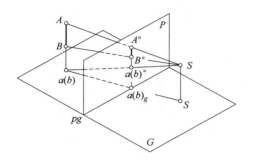

图5-22　垂直于基面的直线的透视及基透视

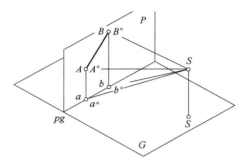

图5-23　画面上的直线的透视及基透视

# 第四节　透视图的画法

透视图的具体绘制通常是从平面图开始的，首先确定物体平面图（水平投影）的透视，然后确定各部分的透视高度。这样就可以完成整个物体的透视。

## 一、透视图的基本画法

### （一）视线法

利用迹点和灭点确定直线的全透视，然后再借助视线的水平投影求作直线线段的透视画法，称为视线法又称建筑师法。

视线法的作图原理如图5-24所示，作图步骤如下。

（1）求作迹点　将直线 $AB$ 延长，与画面 $P$ 的交点为直线 $AB$ 的迹点 $T$。基线的延长线与画面 $P$ 的交点为基线 $ab$ 的迹点 $t$。

（2）求灭点　自视点 $S$ 作 $AB$ 的平行线与画面的交点为直线 $AB$ 的灭点 $F$。自视点 $S$ 作基线 $ab$ 的平行线与画面的交点为直线 $AB$ 的基灭点 $f$。

（3）作全透视　迹点和灭点的连线 $TF$ 即为直线 $AB$ 的全透视，$TF$ 决定 $AB$ 的透视方向。同样 $tf$ 为基线 $ab$ 的全透视，它决定了基面上直线 $ab$ 的透视方向。

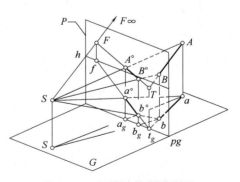

图5-24　视线法的作图原理

（4）求 $A$、$B$ 两端点的透视　自视视点 $S$ 向直线两端点分别引视线 $SA$、$SB$，交 $TF$ 于 $A°$、$B°$ 两点，$A°B°$ 的连线即为直线 $AB$ 的透视。同理可得到 $AB$ 的基线 $ab$ 的透视 $a°b°$。

例5-1：如图5-25所示，已知 $AB$ 为与画面倾斜相交的基面平行线，高为 $L$，其基面投影为 $ab$，用视线法求 $AB$ 的透视及基透视。

空间分析 [图 5-25 (1)]：由于 AB 为基面平行线，则 AB 与基线 ab 平行，AB 与 ab 的灭点相同，在视平线 h–h 上。

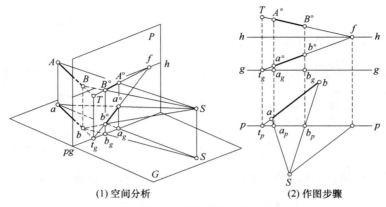

(1) 空间分析　　　(2) 作图步骤

图 5-25　空间分析及作图步骤

作图步骤 [图 5-25 (2)]：

（1）求作迹点　延长 ab 交 p–p 于 t，过 t 作 p–p 的垂线交 g–g 于 $t_g$，再自 $t_g$ 向上量取 $Tt_g$ 等于直线 AB 的高度 L，则 T 即为 AB 的迹点。

（2）求灭点　作 sf//ab，交 p–p 于 $f_p$，过 $f_p$ 作 p–p 的垂线交 h–h 于 f，f 即为直线 AB 的灭点。

（3）作全透视　迹点和灭点的连线 Tf 即为直线 AB 的全透视。同样 $t_g f$ 为 AB 的基线 ab 的全透视。

（4）求 A、B 两端点的透视和基透视　连 sa、sb 视点向直线两端点分别引视线 SA、SB，交 TF 于 A°、B° 两点，A°B° 的连线即为直线 AB 的透视。同理可得到 AB 的基线 ab 的透视 a°b°。

**例 5-2：** 如图 5-26、图 5-27 所示，已知 AB 为与画面倾斜相交的一般直线，其中 A 点的高为 $L_1$，B 点的高为 $L_2$，其基面投影为 ab，用视线法求 AB 的透视及基透视。

分析（图 5-27）：直线 AB 是一般直线，A 点与 B 点的高度不一样。直线 AB 的灭点是天点或者地点。由于通过作图求天点或地点比较复杂，本书不作介绍。

换一个思路：

（1）分别求出 A、B 两点的透视和基透视，然后再连接两点的透视即可（作图过程略）。

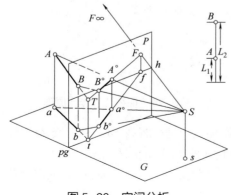

图 5-26　空间分析

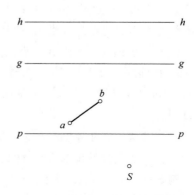

图 5-27　已知条件

（2）如图 5-28 所示，在空间直线 *AB* 与基线 *ab* 形成的平面内作辅助线 *A*1⊥*Bb*、*B*2⊥*Aa*。这样 *A*1、*B*2 都是与画面倾斜相交的基面平行线。作图步骤参见例 5-1，分别求 *A*°、*B*°、*a*°、*b*° 然后连接即可。作图步骤如图 5-29 所示。

（3）*AB* 直线透视其实就是视平面 *SAB* 与画面 *P* 的交线，其基透视就是视平面 *Sab* 与画面 *P* 的交线。根据已知条件很容易就可以画出视平面 *SAB* 和 *Sab* 在画面 *P* 上的正投影，如图 5-30 所示。然后根据求面与面的交线方法求出即可。作图步骤如图 5-31 所示。

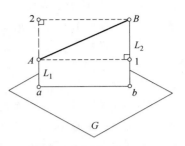

图 5-28　作辅助线

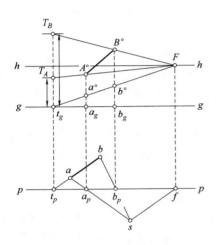

图 5-29　作图步骤

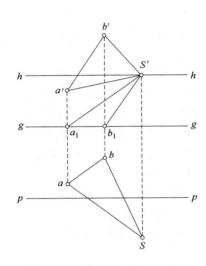

图 5-30　视平面在画面上的投影

**例 5-3：**如图 5-32 所示，已知长方体及基面上的投影 *abcd*，画面的位置、站点、视高。用视线法求长方体的透视。

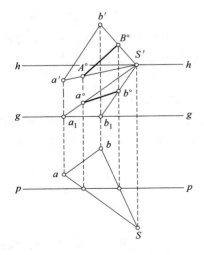

图 5-31　长方体透视作图步骤

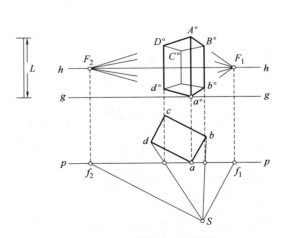

图 5-32　视线法作透视图

分析：画立体的透视图，一般是先画出立体的水平投影的透视，然后再确定其高度。例5-3是先求出基面上的投影 $abcd$ 的透视，直线 $ab$、$cd$ 及 $ad$、$bc$ 是两组相互平行的水平画面相交线，其灭点必在视平线上。可先求出全透视（迹点、灭点的连线），然后作过端点的视线，找出直线的端点即可完成。

作图步骤：

（1）求迹点　由于 $a$ 点在画面上，$a$ 为 $ab$、$ad$ 的迹点。由 $a$ 向上作垂线，交 $g$-$g$ 于 $a°$，$a°$ 为 $a$ 的透视，又是 $ab$、$ad$ 的迹点。

（2）求灭点　过 $s$ 分别作 $ad$、$ab$ 的平行线，交 $p$-$p$ 于 $f_1$ 和 $f_2$，由 $f_1$、$f_2$ 向上作垂线，交 $h$-$h$ 于 $F_1$、$F_2$，$ab$、$dc$ 为 $ad$、$bc$ 的灭点。

（3）作全透视　连 $a°F_1$ 和 $a°F_2$。

（4）连视线 $sd$ 和 $sb$ 分别交 $g$-$g$ 于 $dp$、$bp$ 两点，由这两点向上作垂线，交 $a°F_1$ 和 $a°F_2$ 分别为 $b°$、$d°$。

（5）连 $b°F_2$ 及 $d°F_1$，两线相交于 $c°$，则 $a°b°c°d°$ 为所求 $abcd$ 的透视。

（6）用真高线确定高　由于 $A$、$a$ 都在画面上，直线 $Aa$ 为真高线，由 $a°$ 向上作垂线，量取高度等于长方体的高度，得到 $A°$，直线 $AB$、$CD$、$ab$、$cd$ 及 $AD$、$BC$、$ad$、$bc$ 相互平行，其灭点相同。连接 $A°F_1$ 和 $A°F_2$。

（7）$B°$、$D°$ 分别在 $b°$、$d°$ 的正上方。因此分别过 $b°$、$d°$ 向上作垂线交于 $A°F_1$ 和 $A°F_2$ 于 $B°$、$D°$，连接 $B°F_2$ 和 $D$，$F_1$ 交于 $C°$，则 $A°B°C°D°a°b°c°d°$ 即为长方体的透视。然后，将可见的线加粗，完成长方体的透视图。

## （二）交线法

交线法的作图原理如下：如图5-33所示，为求直线 $ab$ 的透视，先求出 $AB$ 的全透视 $tF$，则 $a°b°$ 必在 $tF$ 上。为了确定 $a°$ 在 $TF$ 上的位置，在基面上过 $a$ 作任意辅助线 $ad$ 和画面相交，再求出辅助线 $ad$ 的全透视 $Md$，那么 $Md$ 和 $tF$ 的交点就是 $a°$，同样，再求出 $b°$。

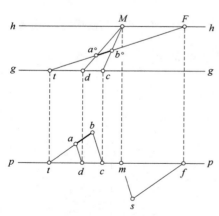

图5-33　交线法的作图原理

分析：作出直线 $ab$ 全透视 $tF$，分别在 $a$、$b$ 两点作直线 $ad$ 和直线 $bc$，分别作出这两条辅助线的全透视 $Md$ 和 $Mc$，$Md$ 和 $Mc$ 与直线 $ab$ 的全透视 $tF$ 分别相交，交点即为直线 $ab$ 的透视 $a°b°$。

作图步骤：

（1）求直线 $ab$ 的全透视 $tF$。

（2）分别过 $a$、$b$ 两点作辅助线 $ad$、$bc$，为了方便作图，辅助线 $ad$、$bc$ 相互平行，$d$、$c$ 两点在 $p$-$p$ 上。

（3）作辅助线 $ad$、$bc$ 的全透视 $Md$、$Mc$。

（4）$Md$、$Mc$ 与 $tF$ 的交点即为直线 $ab$ 的透视 $a°b°$。

## （三）量点法

量点法的作图原理如图5-34所示，在交线法中为方便作图，在基面上作辅助线时，取 $ta=td$、$tc=tb$，这样 $\triangle tad$ 和 $\triangle tbc$ 是等腰三角形，由于 $sf//tb$、$sm//ad//bc$，则 $\triangle tad$ 和 $\triangle smf$ 是相似

三角形、△smf 是等腰三角形、sf=mf=MF。实际作图时，只要先求出 F，然后在视平线上直接量取 sf=MF，即可找到辅助线的灭点 M。这时辅助线的灭点就称作量点，用 M 来表示，利用量点作透视图的方法称作量点法。

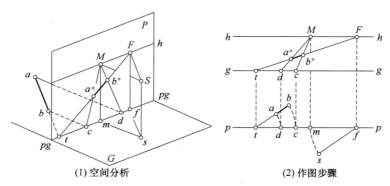

(1) 空间分析　　　　　　(2) 作图步骤

图 5-34　量点法的作图原理

应用量点法作图时，由于可直接在画面上量取点 M（sf=MF），迹点 d、c（td=ta、tc=tb），因而免去了画水平投影的烦琐，方便了作图。但应注意量点的数量与图形方向数量相同，作图时要理清它们的对应关系。

量点法作图注意事项如下：

（1）任何一段直线的透视都应从该直线的画面迹点量起，以该直线的灭点相对应的量点作为辅助线的灭点求透视；

（2）互相平行的直线具有相同的量点，不平行的直线具有不同的量点；量点的数量与图形方向数量应相同，作图时应理清对应关系。

**例 5-4**：如图 5-35 所示，已知长方体及基面上的投影 abcd，画面的位置、站点、视高。用量点法求长方体的透视。

分析：先用量点法求出 abcd 的透视，然后用例 5-3 的方法求 ABCD 的透视。

作图步骤：

（1）求 ab、ad 的全透视 a°F₁ 和 a°F₂（步骤同例 5-3）。

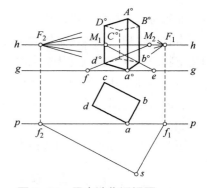

图 5-35　量点法作透视图

（2）作量点 M₁、M₂。在 h-h 上量取 F₁M₁ = sf₁，F₂M₂=sf₂。得到量点 M₁、M₂。

（3）在 g-g 上量取 a°e=ab，a°f=ad。得到 e、f。

（4）连接 M₁e、M₂f 分别与 a°F₁、a°F₂ 交于 b°、d°。

（5）后面的作图步骤如同例 5-3。

**（四）距点法**

距点法是量点法的特殊情况，如图 5-36 所示。当直线 ab⊥P 时，根据量点的概念，量取在视平线 h-h 上量取 TF=sf，得到量点 T，由于 sf 就等于视距，此时的量点 T 称作距点，这种

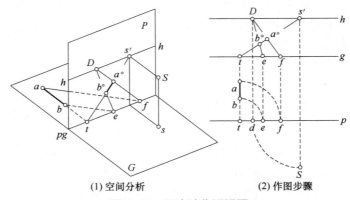

(1) 空间分析　　　　　(2) 作图步骤

图 5-36　距点法作透视图

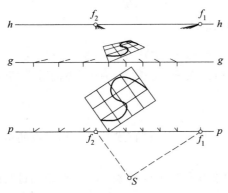

图 5-37　网格法作透视图

利用距点作透视图的方法称作距点法。距点法只应用于一点透视。

### （五）网格法

园林中弯曲的园路、水体驳岸和花坛边线等大多为不规则的平面曲线，可以采用网格法来作其透视。

网格法的作图原理：将平面曲线或园林平面图放入一个由正方形（或矩形）组成的网格内，先求出网格的透视，然后按设计图中与网格线交点的位置，定出各交点在透视网格的相应格线上的位置，再按照平面曲线的走向，将各点连成光滑曲线，即得所求曲线的透视。这种方法称为网格法（图 5-37）。

当我们表现一处园林整体效果时也要画鸟瞰图。所谓鸟瞰图，是指把视平线放在高于树木和建筑物的地方，也就是从空中向下看物体，这样作出的透视图称为鸟瞰图。

一张园林设计平面图，只能反映出树木、建筑、物体的平面关系；透视图可反映出某一透视角度的设计意图和效果。若想反映出园林全貌时，必须用鸟瞰图来表示，可以有直观的立体效果。

画曲线或鸟瞰图时采用方格网法。

## 二、视点、画面、物体相对位置的确定

前面是在已知视点、视高、画面及物体的相对位置的前提下，求作形体的透视。但在实际作图中，应首先确定它们的位置关系，以便获得最佳的透视效果。

### （一）视点的确定

视点的确定包括确定站点的位置及视高。

1. 确定站点的位置

站点的位置应选在人们可以达到的位置，光线应符合人眼的视觉要求。人观察物体的外轮廓所形成的水平视线的夹角为视角。

从图5-38可以看出，视角与视距的关系。视角过大则视距就太小，视角过小则视距又太大，这都不能满足人眼的视觉要求。经计算，只有当视距等于画面宽度的1.5～2倍时，这时的视角在37°～28°范围（可近似取40°～30°）时，可满足人的视觉要求。

图5-39表现了视距对透视图的影响。视距过大，灭点就远，线条收敛过缓，立体感就差，且画图不便；视距过小，灭点就近，线条收敛过剧，透视形象歪曲失真。

另外，为了保证所观察的物体的外貌全面、不失真，还应使视点的位置在画面宽度中间1/3的范围内。

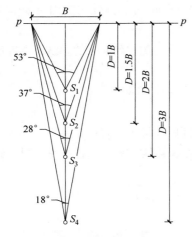

图5-38　视角与视距的关系

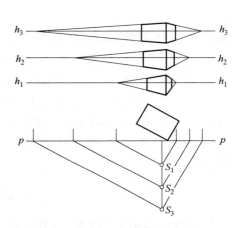

图5-39　视距对透视图的影响

### 2. 视高的确定

视高通常定为人眼的实际高度，为1.5～1.8m，以获得正常的视觉印象。但有时为了达到特殊的视觉效果，可以选择较低的视高，以表现形体的高大、雄伟；还可以选择较高的视高，以使画面的表现范围更开阔，如表现群体建筑或大范围的景观，这时所绘的透视又称鸟瞰图。视高较高时应注意视角不能大于60°，否则物体的透视将会失真或畸形。另外，选择视高要避免与所画物体某水平面同高，防止发生"积聚"现象而减少立体感（图5-40）。

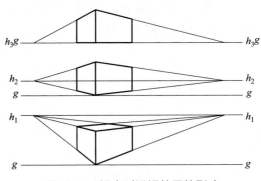

图5-40　视高对透视效果的影响

### （二）画面的确定

画面的位置的确定，应考虑以下三个因素。

（1）一般应使画面通过形体的一个转角（两点透视）或一个主要立面（一点透视）　这样，可直接利用这个点或边来确定形体的其他部分的透视，同时，又可利用它们在画面上这一特征，确定形体透视高度。

（2）画面与主立面的夹角为画面偏角　图5-41表现了画面的偏角（30°、45°、60°）对透视效果的影响。从图中可看出，只有当画面偏角为30°时，透视图中的建筑比例合适、主次分明，效果较好。

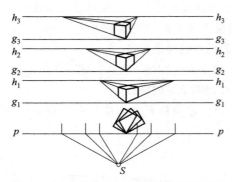

图 5-41 画面的偏角对透视效果的影响

（3）视点与物体的位置　当视点与物体的位置不变，前后平移画面时，可得到放大或缩小了的透视图，但图中各部分的比例不变。

综上可得确定视点、画面、形体之间的相对位置，作图步骤如下：

（1）如绘一点透视，由过平面图中的主要立面作画面 $p$-$p$；如绘两点透视，则过平面图中主要立面的一个转角作画面 $p$-$p$，并使主立面与 $p$-$p$ 夹角为 $30°$；

（2）过形体最外轮廓线作 $p$-$p$ 的垂线，得近似画宽 $B$；

（3）在 $B$ 的中间 1/3 范围内选站点的画面投影 $s_p$，过 $s_p$ 作 $p$-$p$ 的垂线；

（4）在垂线上截取 $ss_p = (1.5\sim2)B$，得行站点 $s$；

（5）在 $p$-$p$ 上方作基线 $g$-$g$ 及视平线 $h$-$h$，并使两线之间距离等于视高；

（6）最后，由 $s$ 点向物体两角连线，检查视角的大小是否在最佳范围内。若不在，则可做适当调整。

## 三、透视作图的步骤

综上所述，透视作图的基本步骤如下：

（1）选择类型　根据形体的特征及要表现的效果，选择透视图的种类；

（2）确定视点、画面、形体之间的相对位置；

（3）选择作图方法（如视线法、量点法或距点法），作形体的基透视；

（4）在基透视的基础上，确定形体的透视高度，完成形体轮廓的透视；

（5）作形体细部的远视；

（6）加深图线，完成作图。

第六章 CHAPTER 6

# 标高投影原理及画法

## 第一节 标高投影的基本知识

地形是园林设计中最重要的要素之一。在实际中，我们也经常遇到类似山地一样高低变化的地形，这类地形形状复杂，长、宽、高三个方向变化丰富。在风景园林规划设计中，构筑物是修建在地面上的，因此在风景园林工程的设计和施工中，常需画出地形图，并在图上表示工程构筑物和图解有关问题。其图示方法如果采用三面正投影图、轴侧图及透视图等，不仅作图复杂而且表达效果差。为此，产生了标高投影的图示方法。

标高投影法是适宜表达地形面和复杂曲面的一种投影方法。将形体各部位的高度数值标注在其水平投影的旁边，这种用投影图与标高数值相结合来表达空间形体的图示方法称作标高投影（图6-1）。标高投影三要素为水平投影、高程数值、绘图比例。

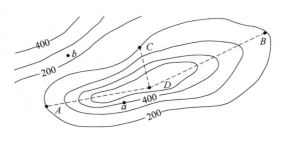

图6-1 标高投影

标高投影是一种标注高度数值的单面正投影，标高以米为单位时，在图上不需注明。为了根据标高投影确定物体的形状和大小，在标高投影图上还必须注明绘图时的比例或画出图示比例尺。

为了增强图形的立体感，图上还画了长短相间的细实线，称为示坡线，用以表示坡面，示坡线画在坡面高的一侧（图6-2）。

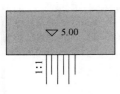

图6-2 示坡线

标高投影中的高程数值称为高程或标高，它是以某水平面作为计算基准的标准规定。基准面高程为零，基准面以上高程为正，基准面以下高程为负。

以山东省青岛市黄海海平面为基准标出的高程称为绝对高程，以其他面为基准标出的高程称为相对高程。标高的常用单位是米（m）。

山体与地形图、地形断面图表示方法见图6-3、图6-4。

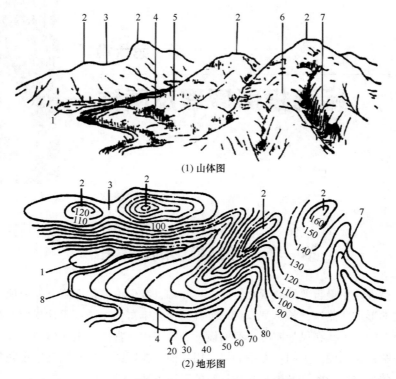

1—湖泊；2—山顶；3—鞍部；4—峭壁；5—阶地；6—山脊；7—山谷；8—河流。

图6-3 山体与地形图表示方法

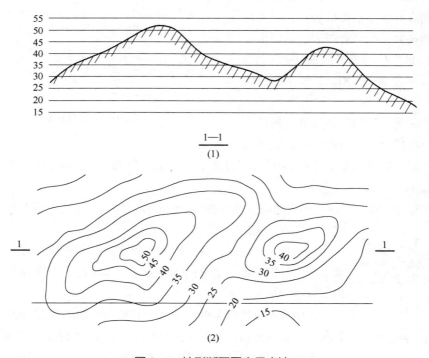

图6-4 地形断面图表示方法

# 第二节　点、线和平面的标高投影

## 一、点的标高投影

点的标高投影是由点的水平投影与点的高度数值共同组成的。点的高度数值是指点到该水平投影所在的投影面的高度，并且以该投影面为基准面，其标高为零。点位于基准面以上为正标高，位于基准面以下则为负标高，位于基准面上则标高为零。

如图6-5（1）所示，设水平面 $H$ 为基准面，其标高为0，空间四点 $A$、$B$、$C$、$D$ 距水平面的高度分别为3、5、-4和0单位，图6-5（2）为各点的标高投影。

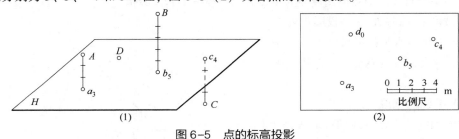

图6-5　点的标高投影

根据标高投影图确定上述点 $A$ 的空间位置时，可由 $a_3$ 引线垂直于 $H$ 面，然后在此线上自起按一定的比例尺向上量5单位即可得到点 $A$。同样的做法可得到 $B$、$C$、$D$ 点。

由此可见，在标高投影中，要充分确定形体的空间形状和位置，必须附一个比例尺（图示比例尺或数值比例尺）。

## 二、直线的标高投影

### （一）直线的表示方法

（1）图6-6（1）用直线上两点的高程和直线的水平投影表示。

（2）用直线上一点的高程和直线的方向来表示直线的方向。图6-6（2）直线的方向用坡度 $1:2$ 和箭头表示，箭头指向下降方向。

### （二）直线的标高投影作图

如图6-7所示，已知空间直线 $AB$ 与

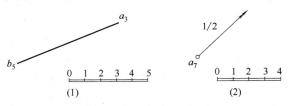

图6-6　直线的标高投影

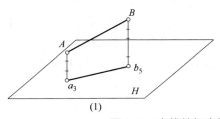

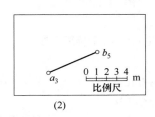

图6-7　直线的标高投影作图法

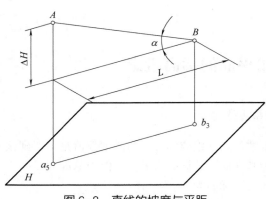

图 6-8 直线的坡度与平距

直线的平距是指直线上两点的高度差为单位时水平投影的长度数值。

tg$a$＝坡度 $i$＝高差 $H$/水平投影距离 $L$

ctg$a$＝平距 $l$＝水平投影长度 $L$/高差 $H$

即 $i$ 值越大，直线越陡；$l$ 平距值越大，直线越缓。

**（四）直线的刻度**

直线的刻度是指在直线的标高投影上标注出直线的整数标高数值。

**例 6-1**：如图 6-9 所示，已知直线的标高投影 $a_{3.7}b_{7.8}$，标注直线的刻度。

**（五）直线上的点**

直线也可用直线上的任一点的标高和直线的方向表示。如图 6-10 所示，用直线上的点的标高投影 $a_7$，结合直线的坡度（或直线的倾角），画出表示直线下坡方向的箭头，即表示直线的空间位置情况。如图 6-10 表示该直

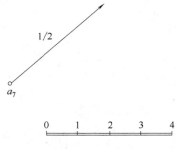

图 6-10 直线上的点的标高投影

② 求高差 HAC。按比例尺量得：$LAC = 15$；

根据 $i = HAC/LAC$；

即 $2/5 = HAC/15$；

投影面 $H$，求作 $AB$ 的标高投影。

作图步骤：

（1）先作 $AB$ 在 $H$ 面上的水平投影图得到 $ab$；

（2）在 $ab$ 上分别标注两点的高度数值 $a_3b_5$，为 $AB$ 的标高投影。反之，如果已知直线的标高投影 $a_3b_5$，也可求出空间直线 $AB$ 的实长及 $AB$ 的倾斜角。

**（三）直线的坡度与平距**

如图 6-8 所示，直线上任意两点间的高差与其水平投影长度之比称为直线的坡度；

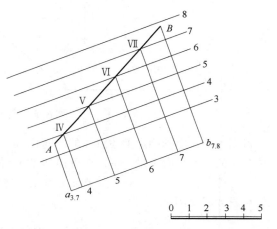

图 6-9 直线刻度标注法

线由 $A$ 点按 1/2 的坡度沿箭头方向下降。

**例 6-2**：试求图 6-11 所示直线上一点 $C$ 的标高。

（1）分析 本题可用图解法去解，也可用数解法求得。首先从图中按比例分别量出 $L_{AB}$ 和 $L_{AC}$，然后用公式 $i = H/L$ 及 $l = 1/i$ 来确定该线的坡度，再根据坡度数求 $AC$ 间高差，最后求得 $C$ 点标高。

（2）解

① 求坡度 $i$ 或平距 $l$。按比例尺量得 $L_{AB} = 36$；

按图示计算得：$H_{AB} = 26.4 - 12 = 14.4$；

故 $i = H/L = 14.4/36 = 2/5$；$l = 2.5$。

得 $HAC=6$。

③ 求 $C$ 点标高：$26.4-HAC=26.4-6=20.4$。

## 三、平面的标高投影

### （一）平面上的等高线

在图 6-12（1）中，平行四边形 $ABCD$ 表示一个平面 $P$。平面 $P$ 与基准面 $H$ 交于 $AB$，直线 $AB$ 称为 $P$ 平面的 $H$ 面迹线，记为 $P_H$。如果以一系列平行于基准面 $H$ 且

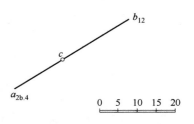

图 6-11　直线上点的作法

相距为一单位的水平面截割平面 $P$，则得到 $P$ 面上一组水平线 Ⅰ-Ⅰ、Ⅱ-Ⅱ等，称为平面 $P$ 上的等高线，也就是平面上的水平线，平面 $P$ 与基准面 $H$ 的交线 $AB$ 是平面上标高为 0 的等高线。

平面的等高线有以下特性：

（1）等高线都是直线，平面上的等高线是平面上调和相同点的集合；

（2）等高线互相平行时，标高投影也互相平行；

（3）等高线的高差相等时，其水平距离也相等。

当相邻等高线的高差为 1 单位时，它们的水平距离即为平距。

### （二）坡度线（坡度比例尺）

坡度线（坡度比例尺）是指平面上对水平面的最大斜度线（即平面上垂直于水平线的直线），坡度比例尺垂直于平面的等高线，它的刻度等于平面等高线的间距。因此坡度线的坡度就代表平面的坡度。在标高投影中，将平面上画有刻度的最大坡度线 $EF$ 的标高投影，称为平面 $P$ 的坡度比例尺，标注为 $Pi$。一般将其画成一粗一细的双线，使其与一般直线有所区别，并附以整数标高。

如图 6-12（2）所示，平面 $P$ 上的最大坡度线 $EF$，它与等高线 Ⅰ-Ⅰ、Ⅱ-Ⅱ垂直，根据直角投影定理可知，它们的投影也互相垂直。

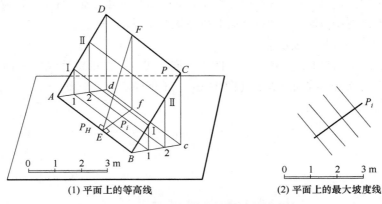

（1）平面上的等高线　　　　　　　（2）平面上的最大坡度线

图 6-12　平面上的等高线和最大坡度线

绘出坡度比例尺，就可以用下面方法求出倾角 $\alpha$（图 6-13）。

**例 6-3**：如图 6-14 所示，已知一平面 $\triangle ABC$，其标高投影为 $\triangle A_0 B_{3.3} C_{6.6}$，试求该平面与 $H$ 面倾角 $\alpha$。

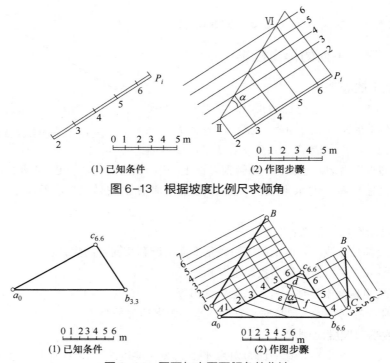

(1) 已知条件　　　　　　　　　(2) 作图步骤

图 6-13　根据坡度比例尺求倾角

(1) 已知条件　　　　　　　　　(2) 作图步骤

图 6-14　平面与水平面倾角的作法

### （三）平面的常用表示方法

平面的标高投影表示与平面的正投影相似，可以用不在同一直线上的三个点、一直线和直线外的一点、两条相交直线、两平行直线或平面图形的标高投影表示。

除此之外，平面的标高投影还有以下几种常用的表示方法。

1. 用坡度比例尺表示平面

坡度比例尺的位置和方向一经确定，平面的位置和方向也就随之确定。过坡度比例尺各整数标高点作坡度比例尺的垂线，即得平面上的等高线（图 6-15）。

2. 用一条等高线及坡度表示平面

由于平面的间距和它的最大坡度线的间距相同，所以只要确定迹线（平面与基准面的交线）的方向以及平面与基准面的坡度（图 6-16），就能确定一个平面。

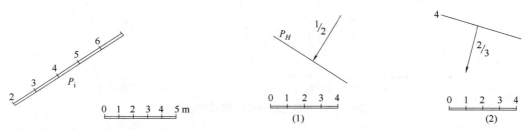

图 6-15　用坡度比例尺表示平面　　　　　图 6-16　用一条等高线及坡度表示平面

3. 用倾斜直线和平面的坡度表示平面

如图 6-17 所示，箭头表示平面向直线的一侧倾斜，不表明坡度的方向，因此画成带箭头的虚线。其坡度线的准确方向需作出平面上的等高线后才能确定。

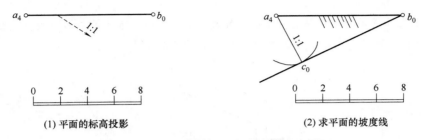

(1) 平面的标高投影　　　　　　　(2) 求平面的坡度线

图 6-17　用倾斜直线和平面的坡度表示平面

4. 水平面的表示法

水平面可用其轮廓线的水平投影和一个涂黑的倒三角形加注标高数值表示。图 6-18 所示的平面是标高为 15m 的水平面。

### （四）相平面平行

若两平面平行，则它们的坡度比例尺相互平行，平距相等，且标高数字增大或减小的方向一致。如图 6-19 所示，平面 $P$ 和 $Q$ 平行。

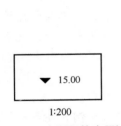

1:200

图 6-18　水平面的表示法

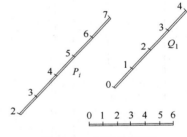

图 6-19　两平面平行

### （五）平面与平面的交线

两平面同高程等高线的交点就是两平面的共有点，求出两个共有点，就可以确定两平面交线［图 6-20（1）］。

把建筑物两坡面的交线称为坡面交线；坡面与地面的交线称为坡脚线；填方边界线或开挖线、挖方边界线［图 6-20（2）］。

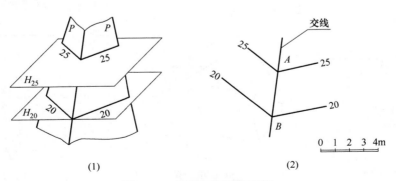

(1)　　　　　　　　　　　　(2)

图 6-20　平面与平面的交线

**例6-4**：已知坑底标高为-3，坑底大小及各棱面的坡度如图6-21所示。地面的标高为零，作出此坑的平面图。

分析：相邻边坡的交线就是相同标高等高线交点的连线。各边坡与地面的交线就是标高为0的四条等高线。因此，只要求各边坡的等高线即可完成作图。

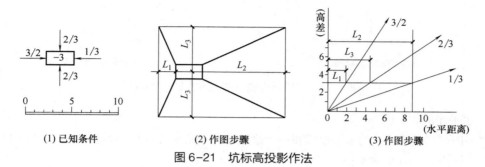

图6-21　坑标高投影作法

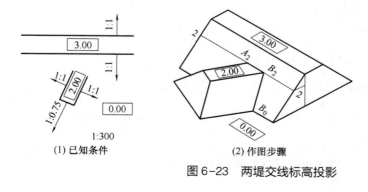

图6-22　梯形平台

**例6-5**：现要在标高为5m的水平地面上，堆一个标高为8m的梯形平台。梯形平面各边的坡度如图6-22所示，试求相邻边坡的交线和边坡与地面的交线（即施工开始时堆砌的边界线）。

分析：制图方法与上例相同。

**例6-6**：已知主堤和支堤相交，顶面标高分别为3和2，地面标高为0，各坡面坡度如图6-23所示，试作两堤相交的标高投影图。

分析：本题需求三种交线：一为坡角线，即各坡面与地面的交线；二为支堤堤

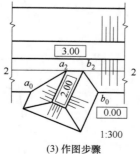

图6-23　两堤交线标高投影

顶与主堤边坡面的交线即 $A_2B_2$；三为主堤坡面与支堤面的交线 $A_2A_0$、$B_2B_0$。

# 第三节　曲面的标高投影

由曲面上的一组等高线表示，这组等高线相当于一组水平面与曲面的交线。

## 一、正 圆 锥 面

当正圆锥面的轴线垂直于水平面时，锥面上所有素线的坡度都相等。用一水平面截割正圆锥面时，其截交线为水平圆，这种水平圆即为正圆锥面的等高线（图 6-24）。

正圆锥面的标高投影具有下列特性：

（1）等高线为一组同心圆；

（2）当等高线的高差相等时，其水平距离也相等；

（3）当圆锥面正立时，中心的标高数值最大，当圆锥面倒立时，中心的标高数值最小。

在土石方工程中，为了防止塌方，常将土体的侧面做成坡面，在其转弯的地方做成坡度相同的圆锥面，如图 6-25（1）转弯处为 1/4 正圆锥面，图 6-25（2）为 1/4 倒圆锥面。圆锥面的示坡线（延长线）应通过锥顶。

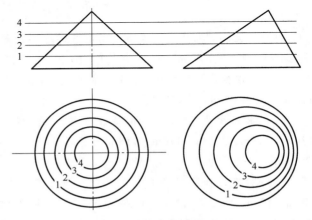

图 6-24　正圆锥截面的等高线

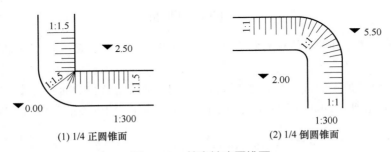

(1) 1/4 正圆锥面　　　　(2) 1/4 倒圆锥面

图 6-25　转弯坡度圆锥面

**例 6-7**：在土坝和河岸的连接处，用圆锥面护坡，河底标高为 118.00m，河岸、土坝、圆锥台顶面标高及各坡面坡度如图 6-26 所示。试求坡脚线和各坡面间的交线。

分析：本题需求两种交线，一为坡角线，即各坡面与河底的交线；二为圆锥台分别与土坝和河岸的交线。

作图步骤：

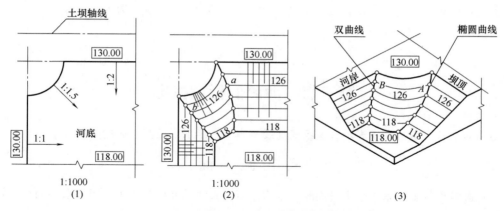

图 6-26  土坝和河岸的连接处的圆锥面护坡交线

（1）求土坝到河底的各等高线  坝顶到河底的高差为 130-118＝12m，取一个单位为 2m，根据 $i＝1:2$，得 $L＝4m$，比例尺为 1:1000，可以得出相邻两等高线的平面距离为 4mm。因此，作与坝顶相互平行的直线，直线间距为 4mm，可以分别画出高程为 128m、126m、124m、122m、120m、118m 的等高线。

（2）求河岸到河底的各等高线  与步骤（1）方法相同可以分别画出高程为 128m、126m、124m、122m、120m、118m 的等高线。注意这时的坡度为 1:1，相邻两等高线间距为 2mm。

（3）求圆锥台到河底的各等高线  与步骤（1）方法相同可以分别画出高程为 128m、126m、124m、122m、120m、118m 的等高线。注意这时的坡度为 1:1.5，相邻两等高线间距为 3mm。其次，圆锥台的各等高线是相互平行的同心圆。

（4）分别求出圆锥台与土坝和河岸相同等高线的交点，用平滑曲线连接各交点，即得到相邻坡面的交线。

（5）画出各坡面的示坡线，加深坡角线与坡面交线，即完成作图。

## 二、同 坡 曲 面

当母线沿着一条空间曲导线移动而母线对水平面的倾角始终不变时，所形成的曲面称为同坡曲面。

如图 6-27（1）所示的弯曲上升的道路，其两侧边坡就是这种曲面，斜坡道边界 AB 是一条空间曲线，过 AB 所作的同坡曲面可以看成是公切于一组正圆锥面的包络面，这些正圆锥面

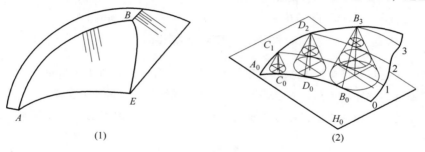

图 6-27  同坡曲面

的顶点都在 $AB$ 线上，素线对水平面的倾角都相等 [图 6-27（2）]。由于同坡曲面上每条素线都是这个曲面与圆锥面的切线，也是圆锥面上的素线，所以曲面上所有素线对水平面的倾角都相等。正圆锥面是同坡曲面的特例，此时导线 $AB$ 退化成为一点。

**例 6-8**：如图 6-28 所示，空间曲线 $ABCD$ 作坡度为 $1:1.5$ 的同坡曲面，画出该曲面上标高为 0m、1m、2m 的等高线。

分析：该同坡曲面可看作是弯道内侧边坡。

作图步骤：

（1）根据 $i=1:1.5$，得 $l=1.5m$；

（2）作各正圆锥面的等高线，以锥顶 $c_1$、$d_2$、$b_3$ 为圆心，分别以 $R=1l$、$R=2l$、$R=3l$ 为半径，作出标高为 0m、1m、2m 的等高线；

（3）作各正圆锥面上相同标高等高线的公切曲线，即为同坡曲面上的等高线。

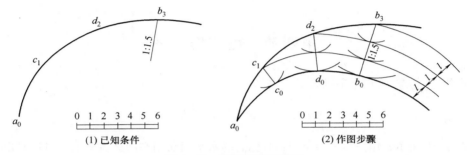

图 6-28　同坡曲面等高线

**例 6-9**：图 6-29 所示为一弯曲引道，由地面逐渐升高并与干道相连，干道项面标高为 4，地面标高为 0，弯曲引道两侧的坡面为同坡曲面。试求其坡脚线和坡面交线。

分析：如上例，第一步分别求弯曲引道两侧的同坡曲面等高线；第二步求干道一侧的斜面等高线，根据面与面相交的原理，即相同等高线相交，求出各交点；第三步，用平滑曲线连接各交点，画出坡脚线，完成作图。

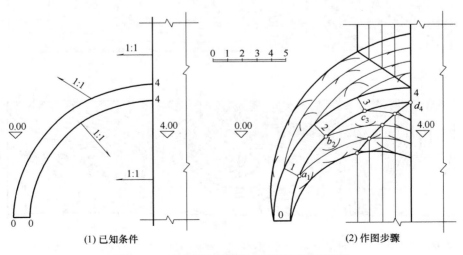

图 6-29　弯曲引道两侧的坡脚线和坡面交线

作图步骤:

(1) 定出曲导线上的整数标高点。分别以弯曲道路两边线为导线,在导线上取整数标高点(如 $a_1$、$b_2$、$c_3$、$d_4$)作为运动正圆锥的锥顶位置。

(2) 根据 $i=1:1$,得 $1=1m$。

(3) 作各正圆锥面的等高线。以锥顶 $a_1$、$b_2$、$c_3$、$d_4$ 为圆心,分别以 $R=1l$、$R=2l$、$R=3l$、$R=4l$ 为半径画同心圆,即得各圆锥面的等高线。

(4) 作各正圆锥面上同标高等高线的公切曲线(包络线),即为同坡曲面上的等高线。同法可作出另一侧同坡曲面上的等高线。

图中还需作出两侧同坡曲面与干道坡面的交线,连接两坡面上同标高等高线的交点,即为两坡面的交线。

# 第四节  地  形  图

地形的表示方法常用等高线表示。

## 一、等  高  线

如图 6-30 所示,用一组等距离的整数标高的水平面切割空间任意平面,可以看出每条截交线的水平投影上各点的高度都相等。绘制出所有截交线的水平投影,并标注相应的标高数

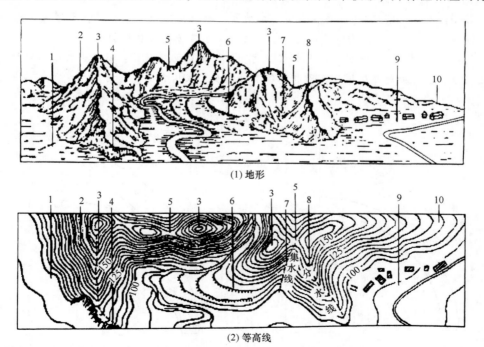

(1) 地形

(2) 等高线

1—山脚;2—陡坡;3—山顶;4—悬崖;5—鞍部;6—阶地;7—谷地;8—山脊;9—平地;10—缓坡。

图 6-30  地形与其等高线

值，这种表示曲面的方法称作等高线法，其中这些标高相等的一组线就称作等高线。

地形图上的等高线具有以下基本特征。

（1）同一等高线上各点标高相同，每一条等高线总是闭合曲线。

（2）等高线间距相同时，表示地面坡度相等。

（3）等高线与山谷线、山脊线垂直相交。山谷线的等高线，是凸向山谷线标高升高的方向；山脊线的等高线，是凸向山脊线标高降低的方向。

（4）等高线一般不交叉、重叠、合并，一旦出现前述情形，则为悬岩、峭壁、陡坎、梯阶处。

（5）等高线不能随便横穿河流、峡谷、堤岸，等高线在近河岸时，渐折向上游，沿岸前进，直到重叠，然后在上游横过河，至对岸逐渐高岸而向下游前进，此时河流相当于汇水线，等高线过大堤时，等高线渐折向地形低下的方向。

（6）在同一张地形图中，等高线越密表明坡度越陡，反之则越缓；等高线间距相等时，表示坡度相同。

## 二、用等高线表示地形

地形面是较复杂的不规则曲面，用等高线能很好地表达出地形面的特征。

用等高线表示地形的标高投影图也称作地形图。图6-31所示的地形图中每隔四根等高线用粗线表示，并在线的断开处标注标高数字，这样的等高线称为计曲线。并且规定，在地形图中标高数字的单位为米（m）且可省略；标高数字的注写方向应与地形的上坡方向一致。

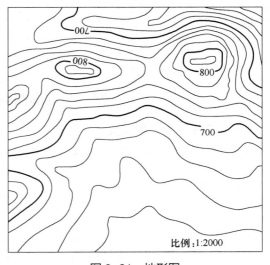

图6-31　地形图

相关术语：

（1）山脊线　山地排水的岭线，分极线；

（2）山谷线　汇集溪流线；

（3）最大倾斜线　相邻两条等高线的最短距离；

（4）首曲线　规定等高距所表示的等高线；

（5）计曲线　每五倍规定等高距表示的等高线；

（6）间曲线　半距规定等高距所表示的等高线；

（7）助曲线　1/4规定等高距所表示的等高线。

## 三、用剖视图表示地形

用一个剖切平面将地形进行垂直剖切，所得到的剖面形状称为地形剖视图。地形剖视图作图方法如图6-32所示。

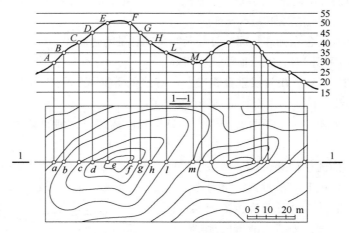

图 6-32　地形剖视图作图方法

## 四、与地形图有关的工程问题

### （一）直线与地形面相交

如图 6-33 所示，已知管线两端的高程分别为 $a$ 点 10.5m、$b$ 点 11.5m，求管线与地形面的交点。

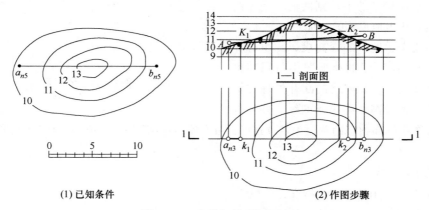

（1）已知条件　　　　　　　　　（2）作图步骤

图 6-33　直线与地形面相交

分析：从地形图中找不到管线与地面的交点，若通过 $AB$ 作铅垂面剖切地面，画出地形断面图及 $AB$ 的所在位置，即可找到管线 $AB$ 与地面的交点。

作图步骤：

（1）过管线 $AB$ 作铅垂面，画出地形断面图；

（2）根据比例将管线 $AB$ 画在地形断面图上；

（3）管线 $AB$ 与地形断面图的交点 $K_1$、$K_2$，即为 $AB$ 与地面的交点；

（4）将 $K_1$、$K_2$ 投影到地形图上即为所求。

### （二）平面与地面相交

平面与地面的交线，即是平面上与地面上标高相同的等高线的交点的连线。

**例6-10：** 如图6-34所示，在标高为0的地面上修筑一平台，台顶标高为4m，有一斜坡道路 *ABCD* 能到平台顶面，平台边坡及道路两侧边坡坡度均为1∶1，画出坡脚线和坡面交线。

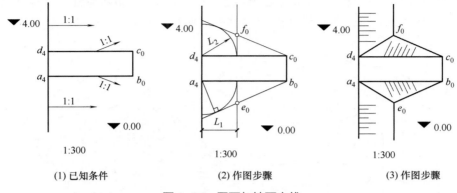

图6-34　平面与地面交线

作图步骤：

（1）求坡脚线　坡脚线即各坡面上标高为0的等高线，平台边坡坡脚线与平台边缘线 $a_4d_4$ 平行，水平距离 $L_1 = 1 \times 4m = 4m$，引道边坡坡脚线求法，分别以 $a_4$、$d_4$ 为圆心，以 $L_2 = 1 \times 4m = 4m$ 为半径画圆弧，再自 $b_0$、$c_0$ 分别作此二圆弧的切线，即为引道边坡坡脚线；

（2）求坡面交线　两坡脚线的交点 $e_0$、$f_0$。分别是平台边坡和引道两侧边坡的共有点，$a_4$ 和 $d_4$，也是平台边坡和引道两侧边坡的共有点，连接 $a_4e_0$ 及 $d_0f_0$，就是所求坡面交线；

（3）画出示坡线　引道两侧边坡的示坡线分别垂直于 $b_0e_0$ 及 $c_0f_0$。

**例6-11：** 在标高为3m的地面上修筑一平台，平台顶面标高为7m，顶面形状及各坡面的坡度如图6-35所示，求坡脚线及坡面交线。

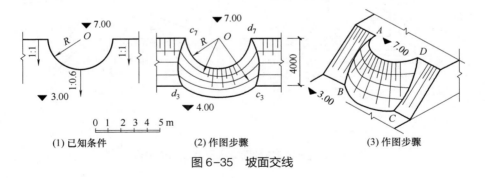

图6-35　坡面交线

作图步骤：

（1）求坡脚线　平台左右边坡为平面，所以坡脚线与台顶边线平行，水平距离 $L = 1 \times (7-3)m = 4m$。平台中部边界是半圆形，其边坡是圆锥面，坡脚线是同心圆，水平距离（即半径差）$L = 0.6 \times (7-3)m = 2.4m$；

（2）求坡面交线　因左右平面坡的坡度小于圆锥面坡度，所以坡面交线是两段椭圆曲线。为求坡面交线，需作出若干交线上的点。如图6-35所示，间隔1m作出平面上高程为6m、5m、4m等高线；分别以 $O$ 为圆心，以 $(R+0.6)$、$(R+1.2)$、$(R+1.8)$、$(R+2.4)$ 为半径作出圆锥面上高程为6m、5m、4m等高线，然后用光滑曲线连接同等高线的交点，即为坡面交线；

（3）画出示坡线。

**例 6-12：** 如图 6-36 所示，在山坡上修建一个水平场地，场地的高程为 30m 填方坡度为 1：1.5，挖方坡度为 1：1，求各边坡与地面交线及各坡面的交线。

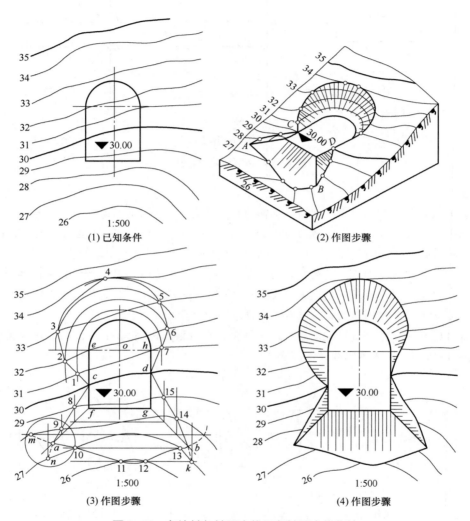

(1) 已知条件　　(2) 作图步骤

(3) 作图步骤　　(4) 作图步骤

图 6-36　各边坡与地面交线及各坡面交线作法

分析：因为水平场地标高为 30m，所以地面上标高为 30m 的等高线是挖方和填方的分界线，地形面上高于 30m 的是挖方部分，低于 30m 的是填方部分。

填方部分有三个坡面，其坡度均为 1：1.5，因此产生三条坡脚线和两条坡面交线。填方坡面的等高线为一组平行线，由于相邻两坡面的坡度相等，因此两坡面的交线是相同标高等高线的角平分线即 45°线。

挖方部分的边界线是半圆，坡面为倒圆锥面，场地两侧是与半圆相切的直线，坡面为与倒圆锥面相切的平面，挖方坡面的等高线分别是同心圆和平行线，因坡度相同，所以相同标高的等高线相切。

开挖线和坡脚线都是曲线，需求出一系列点，并依次光滑连接。

作图步骤：

因为地形图上的等高距是 1m，所以坡面上的等高距也应取 1m。填坡方坡度为 1：1.5，等高线的平距为 1.5m，挖方坡度为 1：1，等高线的平距为 1m。

（1）求坡脚线  作出各坡面上标高为 29、28、27、……的等高线，并分别求出坡面与地面相同标高等高线的交点 8、9、10、……14、15，即为坡脚线上的交点，分别将三段坡脚线依次光滑连接，即为所求。三段坡脚线分别为 c-8-9-a、a-10-11-12-13-b、b-14-15-d。a、b 为两坡脚线的交点；

（2）求坡面交线  因相邻坡面坡度相等，故坡面交线应是 45°线，分别由 e、g 作 45°线即得。

注意：从图可以看出，Ⅱ面、Ⅲ面及地形面三个面交于一点 A，所以Ⅱ、Ⅲ面两个面的坡脚线及这两个面的坡面交线也应交于点 A。如图 6-36 中圆圈内所示，画图时先由一条坡脚线和坡面交线相交得点 a，另一坡脚线则应画至此点结束；Ⅱ面、Ⅲ面及地形面三个面交于一点 B；

（3）求开挖线  作出各坡面上标高为 31、32、33……的等高线，求出坡面上等高线与地面上相同标高等高线的交点 1、2、3、4、5、6、7，将它们光滑连接，c-1-2-3-4-5-6-7-d 即为所求的开挖线；

（4）画出各坡面的示坡线  注意填、挖方示坡线有区别，长短相间的细实线均自高端引出，作图结果见图 6-36。

# 风景园林建筑图

## 第一节　建筑制图的基本知识

　　风景园林建筑在风景园林空间中起着点景、构景、观景、停驻、休憩、交通、活动等功能，与公共建筑相比，它的体量较小，多因地制宜，它的造型、色彩、尺度、材质等也呈各种形式，常见的小体量风景园林建筑有亭、廊、棚等。我国古典园林中有许多大体量的建筑，如亭、堂、殿、楼、阁、榭、舫、斋、轩等，还有一些公园大门、茶室、售货亭、公厕、儿童室内游乐场馆等。

　　尽管各种建筑物因不同的使用要求，空间组合外形、规模各不相同，但建筑物的组成部分及作用基本上是一致的，一般包括基础、地（楼）面、（承重）墙、柱子、梁、楼梯、门窗、屋顶等部分（图7-1）及许多构件配件和装饰装修件：

　　（1）起着支承载荷作用的构件，如基础、墙（柱）、地（楼）面和梁等；

　　（2）起着防侵蚀或干扰作用的围护构件，如屋面、雨篷和外墙等；

　　（3）起着沟通房屋内外及上下交通作用的构件，如门、走廊、楼梯和台阶等；

　　（4）起着通风、采光作用的部分，如窗、漏窗等；

　　（5）起着排水作用的部件，如天沟、雨水管和散水等；

　　（6）起着保护墙身不受侵蚀作用的结构，如勒脚、防潮层、防水层等。

　　风景园林建筑无论单体还是组合形式，多结合地形、山石、水景、植物、道路及各类硬地构成园景景观，在满足各项功能要求的同时，应考虑园林空间序列的组织与游览路线的需要。在设计时需与周边环境取得和谐，相得益彰。同时变化中有统一，一些建筑造型的求新求异可提高园景的视觉吸引力。总之，因景而设、因势而筑，符合园林建筑设计的整体和谐性原则。

　　风景园林建筑图是指风景园林建筑设计与施工的专业图纸。建筑（房屋）施工图由于专业分工的不同，可分为：

　　（1）首页图　包括图纸目录和设计总说明，简单图纸可省略；

　　（2）建筑施工图（简称建施）　主要表达建筑设计的内容，包括建筑物的总体布局、内部各室布置、外部形状及细部构造、装修、设备和施工要求等。基本图纸包括总平面图、平面图、剖面图和构造详图等；

　　（3）结构施工图（简称结施）　主要表达结构设计的内容，包括建筑物各承重结构的布

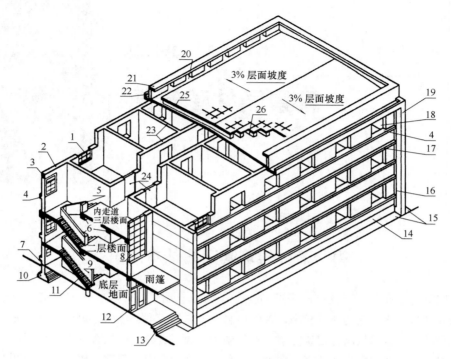

1—窗；2—外墙；3—窗过梁；4—窗台；5—安全栏板；6—梁；7—防潮层；8—花格窗；9—栏板；10—基础；
11—楼梯；12—外门；13—台阶；14—勒脚；15—散水；16—雨水管；17—遮阳板；18—窗洞；19—山墙；
20—雨水兼通风口；21—女儿墙；22—天沟；23—内墙；24—内门；25—屋面板；26—架空层。

图7-1　房屋的组成

置、构件类型、材料、尺寸和构造做法等。一般还包括结构设计总说明、结构平面布置图、构件详图等；

（4）设备施工图（如给排水、取暖通风、电气等，简称设施）　主要表达设备设计的内容，包括各专业的管道、设备的布置及构造。基本图纸包括给排水（水施）、采暖通风（暖通施）、电气照明（电施）等设备的平面布置图、系统轴测图和详图。

各类施工图所表达的建筑物配件、材料、轴线、尺寸（包括标高）和设备等必须统一，并互相配合、协调。一套风景园林建筑（房屋）施工图一般由图纸目录、施工说明书、建筑施工图、结构施工图、设备施工图等组成。

风景园林建筑设计的步骤包括方案设计、技术设计与施工设计三个阶段，方案设计阶段要求反映出建筑的造型、体量以及周边环境等要素，需反复推敲外部造型形态，并使之从功能上趋向合理、完善，待确定方案即初步设计后，再着手进行下一步技术设计和施工设计。

建筑施工图是在确定建筑平、立、剖面初步设计的基础上绘制的，必须满足施工建造的要求。建筑施工图用于表示建筑物的总体布局、外部造型、内部布置、细部构造、内外装饰、施工要求以及一些固定设施等的图样，一般包括施工总说明（中小型房屋建筑的施工总说明一般放在建筑施工图内）、总平面图、门窗表、建筑平面图、建筑立面图、建筑剖面图、建筑详图等图纸。它必须与结构、设备施工图取得一致，并互相配合、协调。建筑施工图主要用来施工放线、砌筑基础及墙身、铺设楼板、楼梯、屋顶、安装门窗、室内外装饰以及编制预算和施工组织计划等的依据。

初学者应了解和掌握风景园林建筑初步设计的基本知识，熟悉风景园林建筑实体测绘、设计图纸和施工图纸进而掌握风景园林建筑初步设计图绘制的方法、规范及步骤。绘制风景园林建筑设计图、施工图除了要符合一般的投影制图原理以及视图、剖面和断面等基本图示要求外，还应严格遵守 GB/T 50103—2010《总图制图标准》、GB/T 50104—2010《建筑制图标准》、GB/T 50001—2017《房屋建筑制图统一标准》、GB 55020—2021《建筑给水排水与节水通用规范》中的有关规定。

# 第二节　风景园林建筑设计图

## 一、建筑总平面图

建筑总平面图用来表示一个建筑物所在位置的总体布置，包括建筑物、构筑物及其他设施等的水平投影图。GB/T 50103—2010《总图制图标准》规定以含有 ±0.00 标高的平面作为总图平面。

总平面图主要标明新旧建筑物区别、新建建筑物的定位、新建筑区域的建筑红线、标高、等高线、道路、风向玫瑰图等方面的内容，是绘制地形设计图、景观规划与设计图、各种管网平面图等的依据。总平面图的主要内容如下。

总平面图一般采用 1∶500、1∶1000 或 1∶2000 的比例绘制，因绘制时采用的比例较小，一些物体不能按照投影关系如实表示出来，而只能用图例的形式绘制。

总平面图因包括的地方范围较大，图示内容按照 GB/T 50103—2010《总图制图标准》、CJJ/T 67—2015《风景园林制图标准》中相应的图例要求进行简化绘制。总平面图上的尺寸，一般以米为单位，且必须包括指北针、比例尺、风玫瑰图、图例和标高等（图 7-2）。

### （一）区分新旧建筑物

总平面图上的建筑物分为五种，即新建的建筑物、原有建筑物、计划扩建的预留地或建筑物、拆除的建筑物和新建的地下建筑物或构造物。识读总平面图时要区分哪些是新建的建筑物，哪些是原有建筑物。

在设计中，为了清楚表示建筑物的总体情况，一般还在图形中右上角以数字或点数表示建筑物的层数。当总图比例小于 1∶500 时，可不画建筑物的出入口。

### （二）新建建筑物的定位

新建筑物的定位一般常采用两种方法：一种方法是按原有建筑物或原有道路定位；另一种方法是按坐标定位，坐标定位又分为测量坐标定位和建筑坐标定位两种。

（1）根据原有建筑物定位或原有道路定位是扩建中常采用的一种方法。拟建筑物位置均可按比例从现有建筑物或道路确定出来。

（2）根据坐标定位　为了保证在复杂地形中放线准确，总平面图中也常用坐标表示建筑物、柏油路等的位置。

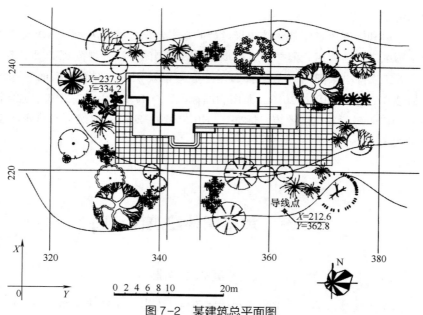

图 7-2　某建筑总平面图

坐标定位分为以下两种：

（1）测量坐标　国土资源管理部门提供给建设单位的红线图是在地形图上用细线画成交叉十字线的坐标网，南北方向的轴线为 $x$，东西方向的轴线为 $y$，这样的坐标称为测量坐标。坐标网络常采用 100m×100m 或 50m×50m 的方格网。一般建筑物的定位标记两个墙角的坐标。

（2）建筑坐标　建筑坐标一般在新开发区，房屋朝向与测量坐标方向不一致时采用。建筑坐标是将建筑区域内某一点定为"$O$"点，采用 100m×100m 或 50m×50m 的方格网，沿建筑物主墙方向用细实线画成方格网通线，横墙方向（竖向）轴线标为 $A$，纵墙方向的轴线标为 $B$。

**（三）新建建筑区域其他方面内容**

1. 建筑红线

建筑红线是各地方自然资源局提供给建设单位的地形图为蓝图，在蓝图上用红线笔画定的土地使用范围的线。任何建筑物在设计和施工中均不能超过此线。

2. 标高

建筑施工图中标有两种标高，即绝对标高和相对标高。

绝对标高：我国把黄海的平均海平面高度定为零点，其他各地以此为基准确定的标高。

相对标高：把房屋底层室内地面的高度定为基准零点，以此为基准点所确定的相对标高。

标注标高要用标高符号，标高数字以米（m）为单位，一般图中标注到小数点后第三位（±0.000）。在总平面图中注写到小数点后第二位（±0.00）。正数标高不注写"+"，负数标高要注写"－"。

总平面图中的标高符号为"▼"，在符号的旁边标注高度。

3. 等高线

地面上高低起伏的形状称为地形。地形是用等高线来表示的。等高线就是地面上高度相等点的连线。

4. 道路

由于比例较小，总平面图上的道路有时只能表示出道路与建筑物的关系，不能作为道路施工的依据。此时要标注出道路中心控制点（包括道路转向点、交叉点、变坡点的位置、高程、道路坡度、坡向等），表明道路的标高及平面位置。

5. 风向玫瑰图

风向是风吹来的方向，风向频率是在一定的时间内出现某一风向的次数占总观察次数的百分比，用公式表示为：

$$风向频率 = \frac{某一风向出现的次数}{总观察次数} \times 100\%$$

6. 其他

总平面图除了表示以上的内容外，一般还有挡墙、围墙、绿化等与工程有关的内容。读图时可结合相关设计说明识读。

## 二、建筑平面图

建筑平面图是表明建筑物、构筑物及其他设施在一定范围的基地上布置情况的水平投影图。假想用一水平剖切面沿着房屋门窗洞口的位置，将整栋房屋剖开，移除上面部分后向下俯视，对剖切平面以下部分所做出的水平投影图，即为建筑平面图，简称平面图。

平面图（除屋顶平面图外）实际上是一个房屋的水平全剖图，是施工图中最基本的图样之一，反映房屋的平面形状、大小和房间的布置，墙或（承重）柱的位置、大小、厚度和材料，门窗的类型和位置等情况，多层房屋如果各层的平面布置不同，应将各层平面图画出，并注写各层及各个房间的名称，图内应包括剖切面及投影方向可见的建筑构造。

用一水平面剖切到底层门窗洞口所得到的平面图称为底层平面图，又称为首层平面图或一层平面图（图7-3）。

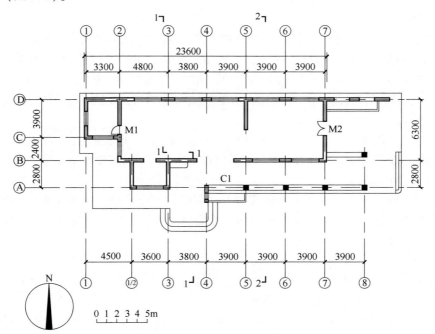

图7-3  某建筑一层平面图

用一水平面剖切到二层门窗洞口所得到的平面图称为二层平面图。

在多层和高层建筑物中，中间几层剖切后的图形常常是相同的，如果各层平面布置相同，可只绘制一个平面图表示，该平面图称为标准层平面图。

顶棚平面图宜用镜像投影法绘制。镜像投影法是在水平剖切面的下方放置一个水平的镜面，然后从上向下观看镜面得到的图像，但应在图名后注写"镜像"二字。

用一水平面剖切到最上一层门窗洞口（即将房屋直接从上向下进行投射）得到的平面图称为屋顶平面图。

因此，在多层和高层建筑中一般有底层平面图、标准层平面图、顶棚平面图和屋顶平面图四种。此外，随着建筑层高的增多和构造的复杂化，还出现了地下层（±0.000以下）平面图、设备层平面图、夹层平面图等。

建筑平面图能够反映建筑物的平面组合（形状）、墙体、（承重）柱、门窗等构件的位置、门窗的尺寸、位置以及其他配件的位置等，如水平方向各部分（如出入口、走廊、楼梯、阳台、房间等）的布置和组合关系等，是施工中参考的重要图样，也是施工放线的依据。

平面图的图示内容如下。

1. 建筑物朝向

建筑物的朝向在底层平面图中用指北针表示。建筑物主要入口在哪面墙上，就称建筑物朝哪个方向。指北针的画法在 GB/T 50001—2010《房屋建筑制图统一标准》中有明确说明，即指北针采用细线绘制，圆的直径为24mm，指北针尾部为3mm，指针指向北方，标记为"N"或"北"。

2. 平面布置

平面布置是平面图的主要内容，着重表达建筑的整体平面形状及各种用途房间与走道、楼梯、卫生间的关系。房间用墙体分隔。

3. 定位轴线

房间的大小、走廊的宽窄和墙、柱的位置在建筑工程施工图中用轴线来确定。凡是主要的墙、柱梁的位置都要用轴线来定位。根据 GB/T 500—2010《房屋建筑制图统一标准》规定，定位轴线用细点画线绘制。编号应写在轴线端部的圆圈内，圆圈直径应为8mm，详图上则用10mm。圆圈的圆心应在轴线的延长线上；若受图样作图位置限制，也可处于轴线延长线的折线上。

4. 地面标高

在房屋建筑工程中，各部位的高度都用标高表示。除总平面图外，施工图中所标注的标高均为相对标高。在平面图中，因为各种房间的用途不同，房间的高度不都在同一水平面上。

5. 墙（或柱的断面）

房屋中的（承重）墙、柱是承受建筑物垂直荷载的重要构件，墙体又具有分隔房（空）间和抵抗水平剪力的作用（抵抗水平剪力的墙称为剪力墙，多为钢筋混凝土结构墙）。因此，墙的平面位置、尺寸大小都很重要。

6. 门和窗

在平面图中，只能反映出门、窗的平面位置、洞口宽度及与轴线的关系。各种门窗的画法详见 GB/T 50104—2010《建筑制图标准》。

在设计图或施工图中，门用代号"M"（即"门"的汉语拼音首字母大写，后面同）表示，其中用45°的中实线表示门的开启方向（图7-3）。窗用代号"C"表示，用两条平行细实线表示窗框及窗扇的位置。防火门用"FM"表示，卷帘门用"JLM"表示，如"M1"表示编号为1的门、"C2"表示编号为2的窗。

门窗的尺寸高度在立面图、剖面图和门窗表中都有表示，读图时通常要审看三者中的尺寸是否存在差异。门窗的制作安装需查找相应的详图，通常与建筑设计说明编制在同一张图纸上。

7. 楼梯

建筑平面图的绘制比例较小，楼梯在房屋中的具体情况不能清楚地表达。楼梯的制作安装需要另外绘制楼梯详图。在平面图中，只需表示清楚楼梯设在建筑中的平面位置、开间和进深的尺寸，楼梯的上下行方向及上一层楼的步级数即可。

8. 各种符号

标在平面图上的符号有削切符号和索引符号等。剖切符号按 GB/T 50001—2017《房屋建筑制图统一标准》和 GB/T 50104—2001《建筑制图标准》规定标注在底层平面图上，表示出剖面图的剖切位置、投射方向及编号。

9. 平面尺寸

平面图中标注的尺寸分外部尺寸和内部尺寸两种，主要反映房屋中各个房间的开间、进深尺寸、门窗的平面位置及墙、柱、门垛等的厚度。一般在建筑平面图上的尺寸（详图例外）均为未装修的结构表面尺寸、门窗尺寸等。

外部尺寸，一般在图形下方及左侧注写三道尺寸：第一道尺寸，表示外轮廓的总尺寸，即指从一端外墙边到另一端外墙边的总长和总宽尺寸，用总尺寸可计算出房屋的占地面积；第二道尺寸，表示轴线间的距离，用以说明房间的开间和进深大小的尺寸；第三道尺寸，表示门窗洞口、窗间墙及柱等的尺寸。当房屋前后或左右不对称时，平面图上四周都应标注三道尺寸，相同的部分不必重复标注。另外，台阶、花池及散水（或明沟）等细部的尺寸，可单独标注。

内部尺寸是为了表明房间的大小和室内的门窗洞、孔洞、墙厚和固定设备（如厕所、盥洗室、工作台、搁板等）的大小与位置，在平面图上应清楚地写出其内部尺寸。

## 三、建筑立面图

### （一）建筑立面图及作用

每栋建筑物都有前后左右四个面。表示各个外墙面特点的正投影图称为立面图；表示建筑物正立面特点的正投影图称为正立面图；表示建筑物侧立面特征的正投影图称为侧立面图，侧立面图又分左侧立面图和右侧立面图。

一座建筑物是否美观，在于其主要立面的艺术处理、造型与装修是否优美。立面图是用来表示建筑物的体形、外貌和风格等，并表明外墙面装饰要求的图样。

### （二）建筑立面图的主要内容

（1）看图名和比例了解是房屋哪一侧面的投影、绘图比例是多少，以便与平面图对照阅读。

（2）看房屋立面的外形和门窗、屋檐、台阶、阳台、烟囱、雨水管等的形状及位置。

（3）看立面图中的标高尺寸，通常立面图中注有室外地坪、出入口地面、勒脚、窗口、大门口及檐口等处标高。

（4）看房屋外墙表面装修的做法和分隔形式等，通常用指引线和文字来说明粉刷材料的类型、颜色等。

### （三）立面图的读识

立面图与平面图有密切关系，各立面图轴线编号均应与平面图严格一致，房屋外墙的凹凸情况应与平面图联系起来看（图7-4）。

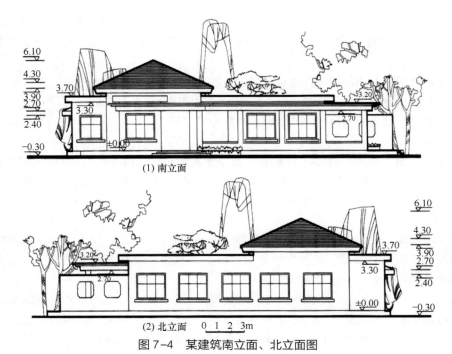

图7-4　某建筑南立面、北立面图

在读立面图时应注意以下内容：

（1）图名、比例；

（2）建筑的外貌；

（3）建筑的高度；

（4）建筑物的外装修；

（5）立面图上详图索引符号的位置与作用。

# 四、建筑剖面图

## （一）剖面图及作用

建筑剖面图是用假想的竖直剖切平面，垂直于外墙将房屋剖开，移去剖切平面与观察者之间的部分，作出剩下部分的正投影图，简称剖面图。

剖面图同平面图、立面图一样是建筑施工中最重要的图纸，表示建筑物的整体情况及内部构造（图7-3、图7-5）。

剖面图用以表示房屋内部的楼层分层、垂直方向的高度、简要的结构形式、构造及材料等内容。如房间和门窗的高度、屋顶形式、屋面坡度、檐口形式、楼板搁置的方式、楼梯的形式等，是施工、概预算工作及备料的重要依据之一。

## （二）剖面图的识读

（1）结合底层平面图识读，对应剖面图与平面图的相互关系，建立起建筑物内部的空间概念。

（2）结合建筑设计说明或材料做法表识读，查阅地面、楼面、墙面、顶棚的装修方法。

（3）查阅各部位的高度。

（4）结合屋顶平面图识读，了解屋面坡度、屋面防水、女儿墙泛水、屋面保温与隔热等。

## 五、建筑透视图

建筑透视图是按一定的透视原理、方法绘制的建筑立体图。建筑透视图（图7-6）表示建筑物内部或外部的形体和室内外环境，如绿化、人物、车辆、家具等。用彩色绘制的立体图也称"效果图"。根据从高处俯视地面起伏、建筑物或构筑物等绘制的建筑透视图称作"鸟瞰图"。

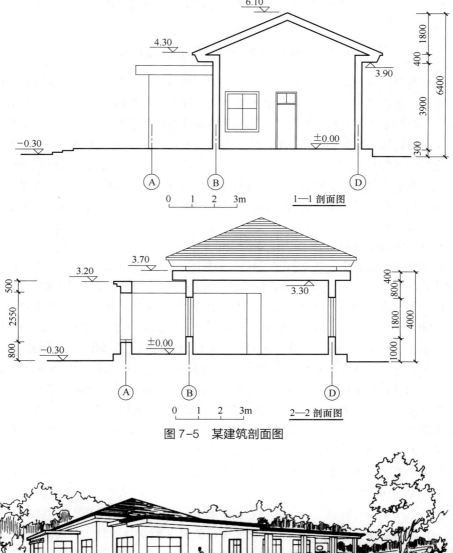

图 7-5　某建筑剖面图

图 7-6　某建筑透视图

透视图根据画面对建筑物的位置不同进行分类，可分为正面透视图、成角透视图和斜透视图。

# 第三节 风景园林建筑施工图

## 一、风景园林建筑结构基本知识

风景园林建筑除满足功能需求外，同时需要表达建筑的美。建筑师必须能够选择相对安全的结构，同时又要满足建筑美的需求，在两者之间寻找结合点是所有建筑设计的基本前提。

新材料、新技术的不断涌现及现代结构均影响着园林建筑造型，建筑的造型受制于结构形式，因此恰当的结构选型是科学设计的基础。结构技术的进步带来了建筑形象的巨大改变。每种结构体系都有其各自不同的形态，结构形态受力学原理的支配，合理的结构形态是力学规律的真实反映。根据建筑功能空间需求和景观环境条件合理地进行结构选型是园林建筑创作的重要组成部分。充分挖掘结构体系自身的形态美，并对特定结构形态加以恰当地表现是园林建筑形象创作的重要手段之一。

20 世纪末的世界建筑，流派纷呈、多元并存，建筑创作观念不断翻新，建筑艺术表现形式多样。在这种纷繁的文化表象之下，不难看出科学技术对建筑设计领域的冲击，以及注重技术表现的建筑创作倾向。随着高新技术在建筑领域中的广泛应用，建筑中的科技含量越来越高，建筑理念和建筑造型形式都因之发生了不小的变化。新技术、新材料、新设备、新观念为建筑创作开辟了更加广阔的天地，既满足了人们对建筑提出的不断发展和日益多样化的需求，而且还赋予建筑以崭新的面貌，改变了人们的审美意识、开创了直接鉴赏技术的新境界，并最终上升为一种具有时代特征的社会文化现象。圣地亚哥·卡拉特拉瓦（Santiago Calatrava）拥有建筑师和工程师的双重身份，他善于将结构技术和建筑形式美圆满地加以结合。工程设计常常表达结构的美，他却喜爱大自然之中林木虫鸟的形态美，同时也有着惊人的力学效率。所以，他常常以大自然作为设计时启发灵感的源泉，还有就是人体的动态结构分析，他设计的桥梁纯粹以结构形成，并因其所表现出的优雅而举世闻名。

建筑技术的发展，从根本上不断地改变着建筑结构技术与建筑造型方式，进而影响人们的建筑审美观。第一次材料和结构技术的革命，对建筑造型艺术所产生的深刻影响是显而易见的。建筑空间造型不再受材料和结构的限制。钢筋混凝土结构、钢结构、充气结构以及张拉、悬挂、壳、膜等新技术的发展，使得建筑创作可以依靠空前丰富的技术，建筑造型也更自由。随着技术的不断进步、世人审美观的变迁，逐渐形成了注重技术表现的建筑审美价值观。建筑师可以利用建筑特有的元素，如建筑材料的材质、装饰材料的色彩等外在的装饰手段进行其建筑设计的表达，但更重要的造型手段则是借助合理选择建筑结构类型，从这个意义上说，结构选型合理与否是决定建筑设计成败的关键因素之一。

### （一）结构形式与建筑功能及造型

恰当的结构选型不仅可以满足一定的功能要求，而且能够最大限度地表现建筑的形式美。园林建筑虽然一般体量不大，但由于其特殊的功能要求，对于形式本身的追求往往是园林建筑设计的重点工作之一。因此，合理的结构选型是进一步科学化设计的基础。建筑结构是建筑的骨架，又是建筑物的轮廓。中国古典建筑中的斗拱、额枋、雀替等，从不同角度映衬出古典建筑的结构美。随着现代科学技术的进步，现代建筑结构的形式越来越丰富，如框架结构、薄壳结构、悬索结构等。建筑的结构与建筑的功能要求、建筑造型取得完全统一时，建筑结构也会体现出一种独特的美。例如，著名的罗马小体育宫，采用了一种新颖的建筑结构，并且有意识地将结构的某些部分，如在周围的一圈丫形支架完全暴露在外，混凝土表面也不加装饰，这些支架好似许多体育健儿伸展着粗实的手臂承托着体育宫的大圆顶，表现出体育运动所特有的技巧和力量。正是这种结构的美，使这一建筑具有独特的艺术魅力。建筑技术的变革造就了不同的艺术表现形式，同时也改变了人们的审美价值观。而伴随着技术的进步和审美观念的更新，建筑创作的观念也发生了变化，今天的建筑技术已发展成一种艺术表现手段，是建筑造型创意的源泉和建筑师情感抒发的媒介，结构形态的多样性为建筑形象创作提供了机遇和挑战。

### （二）框架结构

风景园林建筑中常用的框架结构分为钢筋混凝土框架结构与钢框架结构两类。钢筋混凝土框架结构建筑是指以钢筋混凝土浇筑构成承重梁柱，再用预制的轻质材料如加气混凝土、膨胀珍珠岩、浮石、蛭石、陶粒等砌块或板材组成维护墙与隔墙。由于钢筋混凝土框架结构由梁柱，通常构件截面较小，因此框架结构的承载力和刚度较低，故适宜采取同时浇注楼面与梁的方法，以加强刚度。钢框架结构是目前园林建筑采用较多且发展速度最快的新型结构形式之一，具有施工速度快、建筑造型可塑性强、灵活美观、钢材用量少、施工速度快、内部空间大等优势。近几年钢框架结构园林建筑不断涌现，小者如休息亭，大者如温室大跨度建筑等。框架结构的特点是能为建筑提供灵活的使用空间。平面和空间布局自由，空间相互穿插、内外彼此贯通，外观轻巧、空间通透、装修简洁。

### （三）混合结构

混合结构是由两种或两种以上结构形式组合而成的建筑结构体系。如砖混结构系指砖结构与混凝土结构的组合，钢混结构即钢材与钢筋混凝土混合结构，而砖木结构指砖与木材混合使用。上述几种结构形式各具优点，需根据建筑要求加以灵活运用。

### （四）木结构

中国传统的园林建筑以木结构最多且分布面广，现存古典园林建筑大多为木结构。木结构建筑从结构形式上分，一般分为轻型木结构和重型木结构，其中轻型木结构主要结构构件均采用实木锯材或工程木制产品。中国传统木结构建筑以木屋架为基本结构体系，有台梁式、穿斗式、井干式等。与钢筋混凝土及砖石结构房相比，木结构房屋具有以下几个突出的特点：使用寿命长，建材可再生，自重轻，整体性强（抗震），施工工艺简单，工期短，室内空间变化丰富。加之木构件可以采用工厂化生产，对施工场地要求不高，非常适用于基地狭窄、运输不便的景观环境。

另外，由于木材为绝热体，在同样厚度的条件下，木材的隔热结构房屋的隔热效值比标准的混凝土高 16 倍、比钢材高 400 倍、比铝材高 1600 倍。即使采取通常的隔热方法，木结构房屋的隔热效率也比空心砖墙房高 3 倍。所以，木结构房屋好像一座天然的温度调节器，冬暖夏凉。

### （五）钢结构

钢材强度高，且具有良好的可塑性，在相同跨度的条件下，构件的自重较轻，可降且可以轧弯成设计要求的形状。钢结构建筑具有以下优势：抗震性能好；自重较轻，可降低基础工程的施工难度及造价；可干式施工，适于缺水的山地等景观环境施工；施工现场除基础施工外，构件全部由工厂标准化生产，施工作业受天气及季节影响较少；施工周期比传统建筑缩半；结构拆除产生的固体垃圾少，废钢资源回收价格高；施工现场噪声、粉尘和建筑垃圾也少，可以满足景观环境保护的要求。

以钢结构为代表的现代建筑技术的发展，促进了新建筑审美观念的形成，如所谓"高技派（High-Tech）"就打破了以往单纯从美学角度追求造型表现的形式，开创了从科学技术的角度出发，通过"技术性思维"将建筑结构、构造和设备技术与建造造型加以关联，去寻求功能、技术与艺术的融合。利用钢材的特性加强建筑的表现力，如钢材具有抗拉强度高的特点，在造型表现上运用夸张手段，以斜拉杆件中张力所呈现出的紧张感和力度来表现建筑的动感；采用矩形管、圆钢管制作空间桁架、拱架及斜拉网架结构、波浪形屋面等异型结构体系能够满足园林建筑的空间及造型要求。与钢结构配套的保温隔热材料、防火防腐涂料、采光构件、门窗及连接件等技术的发展极大地丰富了建筑的设计思维。

现代钢结构建筑，多用钢构架的造型和暴露结构构件及连接方式的手法展示技术美，由于富于表现力的钢构架常常暴露在外，所以外露的构造节点自然成为了建筑形象的有机组成部分。于是构造节点便被赋予了特殊意义，而节点细部的设计也就必然成为了钢结构建筑设计中十分重要的一环。他们多由拉杆、钢索和销子、螺栓等构件组成，给予建筑师更多的表现空间。

### （六）空间结构

所谓"空间结构"是相对"平面结构"而言，空间网架结构是空间网格结构的一种，它具有三维作用的特性，空间结构也可以看作平面结构的扩展和深化。自从空间结构问世以来，以其高效的受力性能、新颖美观的形式和快速方便的施工受到人们的欢迎。以网架和网壳为代表的空间结构的特点是受力合理、刚度大、重量轻、杆件单一、制作安装方便，可满足跨度大、空间高、建筑形式多样的要求。园林建筑中的温室等大跨度展陈建筑也常用空间结构。

网架结构一般是以大致相同的格子或尺寸较小的单元（重复）组成的，常应用于屋盖结构。通常将平板型的空间网格结构称为网架，将曲面形的空间网格结构称为网壳。网架一般是双层的，在某些情况下也可做成三层，而网壳有单层和双层两种。空间结构也更多地采用型钢、钢管、钢棒、缆索乃至铸钢制品。在很大程度上，空间结构成了"空间钢结构"。随着现代计算机的出现，一些新的理论和分析方法，如有限单元法、非线性分析、动力分析等，在空间结构中得到了广泛应用，让空间结构的计算和设计更加方便、准确，使得现在的空间结构千变万化，种类多样。

### （七）膜结构

膜结构又称张拉膜结构（Tensioned Membrane Structure），是以建筑织物、即膜材料为张拉主体，与支撑构件或拉索共同组成的结构体系。它以其新颖独特的建筑造型，良好的受力特性，成为大跨度空间结构的主要形式之一。膜结构轻巧、可塑性极强、表现力独特，作为一种全新的建筑结构形式，集建筑学、结构力学、精细化工与材料科学、计算机技术等为一体，具有很高技术含量。

膜结构是一种建筑与结构完美结合的结构体系。它是用高强度柔性薄膜材料与支撑体系相结合形成的、具有一定刚度的稳定曲面，能承受一定外荷载的空间结构形式。具有造型自由轻巧、阻燃、制作简易、自洁性好、安装快捷、使用安全等优点，并以刚柔并济的魅力，打破了传统的建筑形式，在世界各地广泛应用。这种结构形式特别适用于体育场馆、体育看台、休闲广场、观景台、公园、舞台、停车场、高速公路收费站、加油站、博览会展厅、临时会场、景区点缀、标志性建筑小品等。

通常钢结构屋顶是由柱梁支撑屋面板，上面覆盖防水、隔热层，这些屋面材料皆不承受结构力。但膜结构中的膜本身承受活荷载就包括风压、温度应力等，膜既是覆盖物，亦是结构的一部分。

膜材料是指以聚酯纤维基布或聚偏二氧乙烯（PVDF）、聚乙烯醇缩甲醛（PVF）、聚四氟乙烯（PTFE）等不同的表面涂层，配以优质的聚氯乙烯（PVC）组成的具有稳定的形状，并可承受定载荷的建筑纺织品。它的寿命因不同的表面涂层而有一定的差异，一般可达到12~50年。

膜结构的曲面可以随着建筑师的设计需要任意变化，结合整体环境，建造出标志性的形象工程。膜建筑可广泛应用于大型公共设施：体育场馆的屋顶系统、机场大厅、展览中心、购物中心、站台等，又可以用于休闲设施、使用工业设施及标志性或景观性建筑小品等。

膜结构具有以下几个特点。

（1）透光性　半透明是膜结构最显著的特征，与其他材料相比，无论是在美观上或是在操作上，都有显著的优越性、散射光线、消除眩光，能将光线广泛地漫射到其内部空间；材料内部涂层具有较高的反射率，能在夜间保持室内的照明效果；夜间逆光照射下表面发光，自然照明、节省能源。

（2）节约性　与传统的玻璃材料相比，它大大减少了热量的传递，与不透光的材料相比，减少了室内照明用电。在热带地区，减少了空调制冷用电量；在寒冷地区，一定程度上增加了室内取暖设备的用电。

（3）艺术性　既可以充分发挥建筑师的想象力，又体现结构构件清晰受力之美。

（4）经济性　由于膜材具有一定的透光率，白天可减少照明强度和时间，能很好地节约能源。同时夜间彩灯透射形成的绚烂景观也能达到很好的广告宣传效果。

（5）大跨度性　膜结构可以从根本克服传统结构在实现大跨度（无支撑）建筑上所遇到的困难，可创造巨大的无遮挡可视空间，有效增加空间使用面积。

（6）自洁性　膜建筑中采用具有防护涂层的膜材，可使建筑具有良好的自洁效果，保证建筑的使用寿命。

（7）安装工期短　相对传统建筑工程工期较短，所有加工和制作等均可以在工厂内完成，进而避免出现施工交叉，减少现场施工时间。

### （八）结构施工图

房屋结构按房屋承重构件所用的材料可分为钢筋混凝土结构、钢结构、木结构、砖石结构和两种材料以上的混合结构等。本节主要介绍钢筋混凝土结构施工图。

在房屋设计中，表示各承重构件（基础、承重墙、柱子、梁、板、屋架等）的布置、材料、形状、大小、内部构造、相互连接和施工要求等结构设计的图样称为结构施工图。

房屋中起承重和支撑作用的构件，按一定的构造和连接方式组成房屋的结构体系。房屋结构由地下结构和上部结构两部分组成，地下结构主要有基础和地下室，上部结构通常由墙体、柱子、梁、板、屋架等组成。

结构施工图一般包括结构设计说明、结构布置图和结构详图。

房屋的结构布置图主要有基础平面图、楼层结构平面图和屋面结构平面图等。结构详图包括构件详图、节点详图、基础详图等。结构施工图是构件制作、安装和指导施工的依据。

绘制结构施工图必须遵守 GB/T 50105—2010《建筑结构制图标准》、GB/T 50001—2017《房屋建筑制图统一标准》等有关国家建筑规范标准的规定。

### （九）钢筋混凝土结构基本知识

混凝土是将水泥、石子、沙和水，按一定的比例配合挠捣而形成。混凝土承受压力的强度（抗压强度）很高，但受拉强度差。混凝土按抗压强度分为 C7.5、C10、C15、C20、C25、C30、C35、C40、C45、C50、C55、C60 共 12 等级。如 C7.5 表示其抗压强度为 7.5N/mm²。

钢筋有光面圆钢筋和变形钢筋。建筑用钢筋按其产品种类等级不同，分别给予不同的代号，以便标注及识别，如 Ⅰ 级钢筋（3 号光圆钢筋）A、Ⅱ 级钢筋（如 16 锰人字纹钢筋）B、Ⅲ 级钢筋（如 25 锰硅人字纹钢筋）C 等。

在混凝土受拉区域内配置一定数量的钢筋，共同承受外力，这种配有钢筋的混凝土构件，称为钢筋混凝土构件（图 7-7 所示为钢筋混凝土构件构造示意图）。

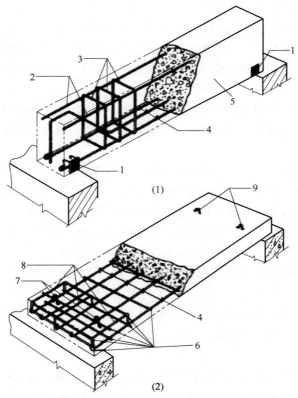

1—预埋件；2—架立筋；3—筋；4—受力筋；5—保护层；6—分布筋；7—吊耳；8—（负弯矩）受力筋；9—吊耳。

图 7-7　钢筋混凝土构件构造示意图

此外，在工程现场就地浇制的钢筋混凝土构件称为现浇钢筋混凝土构件；在工厂（场）预制好运到现场安装的钢筋混凝土称为预制钢筋混凝土构件。在制作构件时，预先给钢筋施加一定的拉力，以提高构件的强度，称为预应力钢筋混凝土构件。

此外，常用构件的代号和标注方法按照 GB/T 50105—2010 执行（表 7-1）。

表 7-1　　　　　　　　　　　　部分常用构件代号

| 序号 | 名称 | 代号 | 序号 | 名称 | 代号 | 序号 | 名称 | 代号 |
|---|---|---|---|---|---|---|---|---|
| 1 | 梁 | L | 14 | 楼梯板 | TB | 27 | 构造柱 | GZ |
| 2 | 基础梁 | JL | 15 | 墙板 | QB | 28 | 基础 | J |
| 3 | 过梁 | GL | 16 | 挡土墙 | DQ | 29 | 框架 | KJ |
| 4 | 连系梁 | LL | 17 | 檩条 | LT | 30 | 框架柱 | KZ |
| 5 | 屋面梁 | WL | 18 | 盖板或沟盖板 | GB | 31 | 梁垫 | LD |
| 6 | 楼梯梁 | TL | 19 | 柱 | Z | 32 | 预埋件 | M- |
| 7 | 框架梁 | KL | 20 | 暗柱 | AZ | 33 | 水平支撑 | SC |
| 8 | 圈梁 | QL | 21 | 垂直支撑 | CC | 34 | 设备基础 | SJ |
| 9 | 屋面框架梁 | WKL | 22 | 天窗架 | CJ | 35 | 梯 | T |
| 10 | 板 | B | 23 | 承台 | CT | 36 | 天窗端壁 | TD |
| 11 | 天沟板 | TGB | 24 | 地沟 | DG | 37 | 雨篷 | YP |
| 12 | 屋面板 | WB | 25 | 钢筋骨架 | G | 38 | 阳台 | YT |
| 13 | 檐口板或挡雨板 | YB | 26 | 刚架 | GJ | 39 | 钢筋网 | W |

## 二、风景园林建筑施工图的绘制

风景园林建筑设计一般需要经过规划、初步设计、技术设计和施工设计等几个阶段，每个阶段都要绘制相应的图纸。各种类型的风景园林建筑因其内容不同，完成设计所需图纸的数量也不相同。

建筑施工图主要表达房屋的规划，如外部造型、内部布置、内外装修、细部构造、固定及施工要求等。

它包括施工图首页、建筑设计总说明、建筑工程做法说明、建筑工程防火设计专篇、建筑工程保温节能专篇、总平面图、平面图、立面图、剖面图和详图等。

与工业建筑、民用建筑等不同，风景园林建筑主要为亭、台、楼、阁、轩、榭、廊、桥等，建筑施工图既简单又复杂。

### （一）设计图首页

设计图首页主要是目录，说明每张图的所在页码、每张图的名称、图的纸张大小等。

### （二）建筑设计总说明

建筑设计总说明主要包括：

（1）本子项工程设计图的依据性文件、批文和相关规范；

（2）项目概况内容，一般应包括建筑名称、建设地点、建设单位、建筑面积、建筑基底面积、建筑工程等级、设计使用年限、建筑层数和建筑高度、防火设计建筑分类和耐火等级、人防工程防护等级、屋面防水等级、地下室防水等级、抗震设防烈度等，以及能反映建筑规模的主要技术经济指标；

（3）设计标高本子项的相对标高与总图绝对标高的关系；

（4）用料说明和室内外装修；

（5）对采用新技术、新材料的做法说明及对特殊建筑造型和必要的建筑构造的说明。

（6）门窗表及门窗性能、用料、颜色、玻璃、五金件等的设计要求；

（7）幕墙工程及特殊的屋面工程的性能及制作要求，平面图、预埋件安装图等以及防火、安全、隔音构造；

（8）墙体及楼板预留孔洞需封堵时的封堵方式说明。

### （三）建筑工程做法说明

建筑工程做法说明主要是在装饰阶段用到，包括散水、坡道、地面、楼面、屋面、内墙、外墙、踢脚、涂料等的施工做法。

### （四）建筑工程防火设计专篇

1. 概况

列举设计所依据的消防技术规范；概述建筑物的层数、高度、总建筑面积、各层的具体使用功能；建筑类别划分为一类高层、二类高层、多层；说明建筑物的耐火等级（一级至四级），各建筑构件的燃烧性能、耐火极限及采取的防火保护措施；建筑物外墙设置玻璃幕墙时，应说明玻璃幕墙的防火措施。

2. 总平面布置

概述建筑物四周其他建构筑物的基本情况，四周有厂房、仓库、储罐时，应明确厂房、仓库、储罐的生产（储存）火灾危险性类别，仓库及储罐应进一步明确储量等技术参数，说明拟建建筑与四周建筑物的防火间距。防火间距不足时，应说明采取了哪些保护措施；说明建筑物的消防车道设置情况，消防车道的形式分为环形消防车道和沿建筑物某两个长边设置消防车道，如设有穿过建筑物的消防车道应说明车道的位置；说明消防车道的设置要求，如离建筑物外墙的距离，消防车道的净宽、净高等参数。设置回车场时应说明回车场的具体位置及回车场的大小；说明中应确定某一个面作为消防车登高操作面，说明登高面的地面承重及路面平整情况等。

3. 平面布置

说明消防控制室、消防水泵房的设置部位，明确消防水泵房是否直通安全出口，消防控制室是否设有直通室外的门。如消防控制室、消防水泵房设在其他已建建筑内，应予以说明并应符合现行消防规范的要求。如建筑物内设有汽车库，应说明汽车库的设计停车数量，并据此确定汽车库类别（一、二、三、四类）；按汽车库的汽车疏散方式对车库分类（坡道式疏散汽车库、电梯疏散出口汽车库、机械立体汽车库、复式汽车库），说明汽车库汽车疏散出口的数量及宽度，如采用电梯传送，应说明电梯数量。提供各楼层的防火分区原则，应说明各部位是否设有自动喷水灭火系统或其他自动灭火系统，每个防火分区的建筑面积；如商业营业厅、展览厅等还需明确是否设有火灾自动报警系统和采用不燃（难燃）材料装修。提供每个防火分区的安全出口数量，说明各部位防烟分区的面积及防烟分隔物的情况。

4. 安全疏散及消防电梯

提供各楼层（住宅除外）疏散人数计算公式及结果，商场应分别明确商业营业厅、仓储、为顾客服务用房等的面积并应符合《商店设计规范》的相关要求；餐厅应根据档次确定每个餐位占用的建筑面积。根据各层需疏散人数和疏散宽度指标确定各层需设置的疏散楼梯宽度。

说明建筑物疏散楼梯的设置形式及数量，每个疏散楼梯、前室疏散门的有效宽度，疏散门的选型及开启方向。应说明各楼梯在首层是否设置直接对外出口或采取其他特殊措施；如地下层与地上层共用楼梯间，应说明楼梯间在首层的分隔措施；剪刀楼梯应明确两座防烟楼梯的分隔措施；明确各楼梯间、前室（合用前室）的防烟形式，采用自然排烟还是正压送风或其他特殊措施。如果设有室外疏散楼梯，应说明楼梯的宽度、扶手的高度及采取的其他防火措施。提供建筑物设计消防电梯数量及分布情况，提供消防电梯的前室面积、电梯载重量、行驶速度、排水设施的排水井容量及排水泵的排水量等技术参数。提供疏散内走道的净宽，对比相关规范是否满足相关要求。说明各房间门距离安全出口、房间内任何一点至房间门的疏散距离是否符合规范要求。

5. 其他要求

提供建筑物消防供电设计负荷等级（一、二、三级），明确保证相应负荷的措施（或设施）；提供管道井的设置情况：井壁的耐火极限、管井门的选型、管井的封堵等防火措施；说明建筑物自动喷水灭火系统、火灾自动报警系统的设置部位，设置机械排烟、机械防烟的部位，其他自动消防系统的设置部位。

**（五）建筑工程保温节能专篇**

1. 节能计算

节能计算包括建筑的体形系数和各朝向窗墙比的计算。

2. 围护结构的保温做法及参数设计

围护结构的保温做法及参数设计指根据节能计算的结果，参照国家和地方的节能设计规范，对建筑物屋面、外墙、底面接触室外空气的架空或外挑楼板、非采暖空调房间与采暖空调房间之间的隔墙与楼板、采暖空调地下室外墙与地面（周边与非周边地面）等部位的保温构造进行设计，控制其传热系数；对建筑物外窗（包括透明幕墙）、屋顶透明部分的框料材质及玻璃品种进行设计，控制其传热系数和可见光透射比，以及抗风压、气密性等物理性能。如果某些参数超出规范限值，还要选择参考建筑进行权衡与判断。

3. 细部节点构造设计

细部节点构造设计指对建筑物的外窗口、女儿墙、雨水口、变形缝、排烟或通风竖井与室外空气接触的井道、井道出屋面、外门窗框与门洞口之间的缝隙、飘窗、外挑空调板等细部节点进行构造设计，通常可以从标准图集中选用做法。

**（六）总平面图**

总平面图是表明新建房屋所在基础有关范围内的总体布置，它反映新建、拟建、原有和拆除的房屋、构筑物等的位置和朝向，室外场地、道路、绿化等的布置，地形、地貌、标高等以及原有环境的关系和邻界情况等。建筑总平面图也是房屋及其他设施施工的定位、土方施工以及绘制水、暖、电等管线总平面图和施工总平面图的依据。

**（七）平面图、立面图、剖面图和详图**

这是施工图的主体，是设计成果的主要展示内容。

1. 平面图

建筑平面图简称平面图，是建筑施工中比较重要的基本图。平面图是建筑物各层的水平剖切图，假想通过一栋房屋的门窗洞口水平剖开（移走房屋的上半部分），将切面以下部分向下投影，所得的水平剖面图，就称平面图。建筑平面图既表示建筑物在水平方向各部分之间的组合关系，又反映各建筑空间与围合它们的垂直构件之间的相关关系。

### 2. 立面图

按投影原理，立面图上应将立面上所有看得见的细部都表示出来。但由于立面图的比例较小，如门窗扇、檐口构造、阳台栏杆和墙面复杂的装修等细部，往往只用图例表示。它们的构造和做法，都另有详图或文字说明。

因此，习惯上往往对这些细部只分别画出一两个作为代表，其他都可简化，只需画出它们的轮廓线。

若房屋左右对称时，正立面图和背立面图也可各画出一半，单独布置或合并成一张图。合并时，应在图的中间画一条铅直的对称符号作为分界线。

### 3. 剖面图

剖面图又称剖切图，是通过对有关的图形按照一定剖切方向所展示的内部构造图例，剖面图是假想用一个剖切平面将物体剖开，移去介于观察者和剖切平面之间的部分，对于剩余的部分向投影面所做的正投影图，补充和完善设计文件，是工程施工图设计中的详细设计，用于指导工程施工作业。

### 4. 详图

为了便于看图，常采用详图标志和详图索引标志。详图标志又称详图符号，画在详图的下方；详图索引标志又称索引符号，则表示建筑平、立、剖面图中某个部位需另画详图表示，故详图索引符号标注在需要画出详图的位置附近，并用引出线引出。

标准作图中详图符号用一粗直线圆绘制，直径为 14mm，如详图与被索引的图样同在一张图纸内，直接用阿拉伯数字注明详图编号，如不在一张图纸内，则用细直线在圆圈内画一水平直线，上半圆注明详图编号，下半圆注明被索引图纸纸号。

园林建筑制图应按最新版本的现行国家标准执行，如 GB/T 50103—2010《总图制图标准》、GB/T 50104—2010《建筑制图标准》等。

为了使风景园林制图的常用图例图示规范化并达到统一，以提高绘制风景园林规划设计图的质量和效率，住房和城乡建设部还颁布了 CJJ/T 67—2015《风景园林制图标准》。

# 风景园林工程图

风景园林工程图是根据投影原理和风景园林相关专业知识，并按照国家颁布的有关标准和规范绘制的一种工程图样。风景园林工程图是风景园林设计师与风景园林工程技术人员进行交流、实施工程的图纸表达形式，是设计人员按国家规范及标准，经设计而成的技术语言，它直观地表达了设计人员的设计主题、设计思想、设计创意及各类技术指标与参数的应用，它是风景园林施工与管理的技术性文件。

## 第一节 风景园林工程图的基本知识

### 一、风景园林工程图的概念和作用

在一个完整的风景园林景观工程项目的建设过程中，风景园林工程图起到了关键的作用。风景园林设计师根据项目要求把自己的设计构思，按照通用的规范绘制成标准的工程图纸，施工单位再按图施工，才能完成一个风景园林景观工程项目的建设。

风景园林景观工程一般包括园建工程、种植工程和水电工程等，其中园建工程又包括土建工程、场地园路铺装工程、景观小品工程等专项工程。风景园林规划设计应经过总体规划、详细规划、总体设计（方案设计）、施工图设计四个阶段。施工图设计应提供满足施工要求的设计图纸、说明书、材料标准和施工概（预）算等。根据风景园林景观设计的结果绘制出的施工图，统称为风景园林工程图。

风景园林工程图是审批建设工程项目的依据。在工程施工中，它是备料和施工的依据；当工程竣工时，要按照工程图的设计要求进行质量检查和验收，并以此评价工程优劣。风景园林工程图还是编制工程概算、预算、决算及审核工程造价的依据，风景园林工程图是具有法律效力的技术性文件。

### 二、风景园林工程图的类型

（一）按风景园林工程图的内容分类

1. 总平面图

总平面图主要反映各造园要素的平面位置、大小及周边环境等内容。它是风景园林工程定点放线的依据，也是提供风景园林施工建设最基本的图样。

2. 竖向设计图

竖向设计图包括竖向设计平面图及剖面图等。主要是利用等高线及高程标注的方法，表示用地范围内各风景园林要素在垂直方向上的位置高低及地面的起伏变化情况。

3. 种植设计图

种植设计图包括种植设计平面图、立面图及效果图等。主要反映植物配置的方法、种植形式、种植点位置以及品种、数量等。

4. 园路设计图

园路设计图反映园路的平面布置、立面起伏、断面结构及路面的铺装图案等。

5. 风景园林设施设计图

风景园林设施设计图反映风景园林建筑、水景（如湖、池、瀑布、喷泉等）、假山置石、园桥等设施工程的平、立面形状、大小及内部结构等。

6. 管线综合平面图

管线综合平面图反映地下、地上各种管线的位置和标高，如给水、排水、雨水、煤气、热力管道和电缆、地上架空线的位置以及闸门井、检查井、雨水井的位置和标高等。

## （二）按风景园林工程图的表达形式分类

1. 平面图

平面图包括总平面图、局部平面图。平面图是以水平正投影形式表示的园林工程图，表示园林要素的平面位置、形状、大小和相对关系。

2. 立面、断面及剖面图

立面图是表示园林素材外部横向方位及竖向高低、层次关系的图样。断面及剖面图是表示园林素材在剖切平面上的横向方位及竖向高低、层次关系的图样。断面图是表示经垂直于地形的剖切平面切割后，剖切面上呈现的物像图。剖面图不仅可以表示出剖切面上的物像，还能表示出剖切面后可见的物像。

3. 工程详图

工程详图是将局部工程的结构部分扩大 [（1∶10）~（1∶50）] 并详细地绘制，以更加准确、清晰地表达设计内容的图样。

4. 透视及鸟瞰图

透视及鸟瞰图是以人眼为投射中心所绘制的投影图，是一种具有立体感和远近感的效果图。透视图是视点为眼高所看到的效果图；鸟瞰图则是视点较高时（十几米高或更高）绘制的透视图，如飞鸟在空中往下看到的效果。

## （三）按风景园林设计程序分类

1. 总体规划设计图

总体规划设计图是在分析现状环境的基础上，根据园林性质，明确设计方案主题及概念，安排分区、景物，进行多方案比较讨论后所做出的规划设计图。如果设计范围小，功能不复杂，则可直接进行方案设计。

2. 风景园林初步设计图

风景园林初步设计图是在总体规划图设计文件得到批准及待定问题得以解决后，所做出的设计图样。

**3. 风景园林施工图**

施工图是在初步设计批准后所绘制的图样，它是指导风景园林工程施工的技术性图样。

**4. 竣工图**

竣工图是在工程完成之后，按工程完成后的实际情况所绘制的图样，它是验收与结算的依据。如竣工后的实际情况与原设计图纸变动不大，则只需在原来设计图的基础上增补有出入的部分即可。

## 三、风景园林工程图的选用

风景园林图的种类比较多，但并不是所有的图样都要绘制，而是根据实际需要有目的地重点选择，绘制一些必需的图样。

简单的园林绿化设计，只需要画一张绿化种植设计图，表示清楚设计意图和要求，即可满足需要，绿化种植图用平面图表示，必要时可画出立面、断面和大样图。一般的园林设计，需要绘制总平面图和种植设计图，必要时增绘透视图、鸟瞰图，反映出风景园林设计全貌。比较复杂的风景园林设计，应根据需要绘制出包括总平面图、竖向设计图和种植设计图在内的三种以上的图样。

## 四、风景园林工程图的绘制

为保证图面质量，工程图样的绘制必须先画底稿，再上墨线，必要时还需进行色彩渲染，以增强设计方案的表现力。画图步骤如下。

### （一）绘制底稿

这是风景园林设计制图的第一步。画底稿应使用较硬的铅笔，以使画出的稿线比较轻细，便于墨线覆盖。铅笔稿线正确与否、精度如何，直接影响到图样的质量，因此必须认真细致、一丝不苟地完成好这一步。

具体绘制步骤如下：

（1）根据绘图内容的多少及比例尺大小选定图纸幅面；

（2）画图框线、标题栏和会签栏，合理安排图纸内容的布局，使各部分内容布置合理、疏密有致，图面美观大方；

（3）绘出直角坐标网格，确定定位轴线；

（4）按"建筑→道路广场→水体→植物"的顺序，先画轮廓，再画细部；

（5）标注尺寸，绘制指北针或风玫瑰图等；

（6）检查并完成全图。

### （二）上墨线

图样上墨线后，可长期保存和使用。上墨线的总要求：严格控制线型，做到线型正确、粗细分明、图线均匀、连接光滑、字体端正、图面整洁。

上墨线时，应将铅笔稿线作为墨线的中轴线来上墨，以确保图形准确。为提高绘图效率，避免出错，应注意以下几点：

（1）先画细线，后画粗线；先画曲线，后画直线；

（2）水平线由左向右、垂直线自下而上绘出；

（3）同类型的墨线一次画完；

（4）先画图，后标注尺寸和注写文字说明，最后画图框线，填写图签标题栏；

（5）为避免墨水渗入尺板下弄脏图纸，应使用有斜面的尺边或将尺边均匀垫起少许。

## （三）色彩渲染

色彩渲染简称上色，主要是借助绘画技法，用水彩、水粉颜料、彩铅或麦克笔等比较真实、细致地表现各种造园要素的色彩和质感，常用于风景园林设计方案的最后表现图。

# 第二节  风景园林总体规划图

总体规划图设计文件由图样和文字说明两部分组成。文字说明部分包括：设计说明书及总体规划图文件编排顺序等，具体内容包括用地范围规模、设计项目组成、艺术构思、主题立意、景区布局的艺术效果分析、种植规划概况、各种效益的估价、总概算及设计文件封面、设计文件目录等。图纸部分包括建设场地的规划和现状位置图，近期和远期用地规划图，总体规划平面图，整体鸟瞰图及公用设备、管理用设施、管线的位置和走向图等。本节重点介绍总体规划平面图的绘制方法和步骤。

风景园林总体规划平面图表示一个区域范围内风景园林总体规划设计的内容，反映了组成风景园林各个部分之间的平面关系，它是反映风景园林工程总体设计意图的主要图样。图 8-1 为某公园总体规划平面图。

在平面图中由于表达范围较大且内容复杂，一般所选绘图比例较小。通常设计者不可能将构思中的各种造园要素以其真实的形状在图纸上表达，而是采用一些经国家统一制定的图示标准来概括其设计内容，这些简单而形象的图形称作"图例"，绘图时要按图例标准进行绘制。总平面图中常见的图例见表 8-1。

总体规划图绘制步骤如下。

（1）确切理解设计任务书和城市总体规划对园林绿地的性质、内容和服务等方面的规定和要求，做出综合设计。

（2）全面了解工程用地范围的地形、地貌现状，包括现有建筑物、构筑物、道路、水体系统和各种地上、地下物的平面位置等。

（3）根据用地范围和工程内容，选择比例尺、确定图幅。总体规划平面图的比例尺一般为：

| | |
|---|---|
| 公园、绿地面积≤10hm² | 比例尺：（1：200）~（1：500） |
| 10hm²<公园、绿地面积≤50hm² | 比例尺：（1：500）~（1：1000） |
| 50hm²<公园、绿地面积≤100hm² | 比例尺：（1：1000）~（1：2000） |
| 公园、绿地面积>100hm² | 比例尺：（1：2000）~（1：5000） |

根据选定的比例尺及图形的大小，确定图纸的幅面。

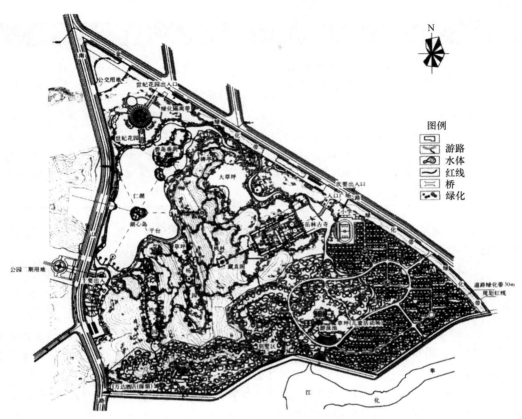

图 8-1　某公园总体规划平面图

表 8-1　　　　　　　　　　　　　　常用总平面图例

| 名称 | 图例 | 说明 | 名称 | 图例 | 说明 |
|---|---|---|---|---|---|
| 新建的建筑物 | | 上图表示不画出入口的图例,下图表示画出入口的图例 | 花池 | | — |
| | | | 花架 | | — |
| 原有的建筑物 | | — | 护坡 | | 被挡土在突出的一侧 |
| 计划扩建的预留地或建筑物 | | — | 挡土墙 | | |
| 拆除的建筑物 | | — | 道路 | | — |
| | | | 计划扩建的道路 | | — |
| 围墙及大门 | | 上图表示砖石、混凝土及金属材料围墙,下图表示铁丝网、篱笆围墙 | 河流 | | — |
| | | | 桥梁 | | — |

续表

| 名称 | 图例 | 说明 | 名称 | 图例 | 说明 |
|---|---|---|---|---|---|
| 等高线 |  | 实线为设计等高线,虚线为原地形等高线 | 地下管道或构筑物 | 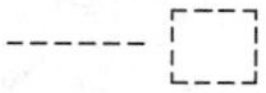 - - - - | — |
| 风玫瑰 | 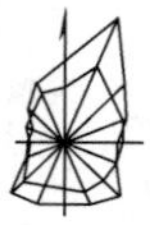 | 实线为全年风向频率,虚线为夏季风向频率,箭头指北 | 水池 | 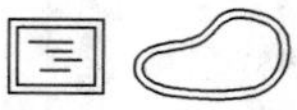 | 左图:人工水池 右图:自然水池 |

（4）绘制现有地形和地貌　将现有地形和需保留的主要原有地上物（如原有建筑物、构筑物、道路、桥涵、围墙的可见轮廓线等），在图上用细实线表示。

（5）绘制新设计的风景园林建筑和风景园林设施　用粗实线画出新设计的建筑物、构筑物、桥涵、边坡、围墙的轮廓线；用细实线画出道路、场地等的轮廓线。为了使图面清晰，便于阅读，对图中的建筑应予以编号，然后再注明相应的名称。

（6）绘制水体、山石和植物等图例　水体一般用两条线表示，外面的一条表示水体边界线（即驳岸线），用特粗实线绘制；里面的一条表示水面，用细实线绘制；山石采用其水平投影轮廓线概括表示，以粗实线绘出边缘轮廓，以细实线绘出纹理；图中植物用图例绘制。

（7）绘制风玫瑰图或指北针　在图样的适当位置画出指北针或风玫瑰。指北针的直径宜为24mm，用细实线绘制；指针尾部的宽度宜为3mm，指针头部应注"北"或"N"字。需用较大直径绘制指北针时，指针尾部宽度宜为直径的1/8。

## 第三节　风景园林初步设计图

初步设计是在总体规划图设计文件得到批准及待定问题得以解决后所进行的设计。初步设计文件由图样和文字说明两部分组成：文字说明部分包括设计说明书、工程量总表、设计概算、初步设计文件编排顺序等；图纸部分包括总平面图、竖向设计图、道路广场设计图、种植设计图、建筑设计图、综合管网图等。

### 一、初步设计图的绘制方法及步骤

（1）选定绘图比例　根据用地范围和总体布局的内容，选择合适比例尺。

（2）确定图幅、布置图面　确定绘图比例后，即可根据图形的大小确定图纸幅面，并进行图面布置。

绘图时可采用以下方式定位。

① 根据原有景物定位：根据新设计的主要景物与原有景物之间的相对距离定位。

② 采用直角坐标网定位：直角坐标网有建筑坐标网和测量坐标网两种方式：建筑坐标网

是以工程范围内的某一点为"0"点，再按一定距离画出网格，水平方向为 $B$ 轴，垂直方向为 $A$ 轴；测量坐标网是根据造园所在地的测量基准点的坐标，确定网格的坐标，水平方向为 $Y$ 轴，垂直方向为 $X$ 轴。坐标网应按顺序编号，绘图规定：横向从左向右，用阿拉伯数字编号；纵向自下而上，用拉丁字母编号，并按测量基准点的坐标，标注出纵横第一网格坐标。坐标网格用细实线绘制。

在画图时，对于以原有地上物为定位依据的总平面图，应根据选定的基地内或附近的保留的地上物与新造物的距离，在图纸上画出新造物的平面图形；对于用直角坐标网格定位的总平面图，可先画出坐标网格，然后在坐标网格上画出各新建物的平面位置。要注意坐标网格上基准点的确定。

（3）绘制图形　根据设计要求，绘制各造园要素的图形。

（4）绘制风玫瑰图、指北针。

（5）绘制比例尺，注写图名、标题栏等。

（6）检查并完成全图。

## 二、总 平 面 图

### （一）内容与用途

风景园林设计总平面图是表现规划设计区域范围内的各种造园要素的水平投影图，它是反映风景园林工程总体设计意图的主要图样，也是绘制其他图样（如地形设计图、种植设计图等）及造园施工管理的主要依据。某小游园总平面图见图8-2。

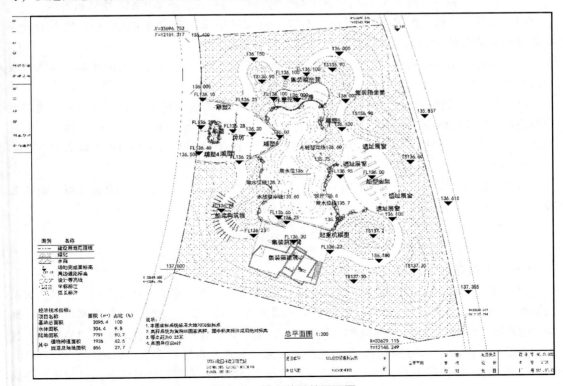

图8-2　某小游园总平面图

## （二）绘图要求

由于风景园林设计总平面图涉及的内容较多，且范围较大，因此，只有在工程内容较简单的情况下，才可以将各项内容合并到一张总平面图中。否则，还需分项绘出各子项工程总平面图，如园路总平面图、种植总平面图、综合管线总平面图等。

### 1. 绘图比例

总平面图通常选择（1∶500）~（1∶1000）的比例尺，若用地面积大、总体布置内容较少，可考虑选用较小的绘图比例。若用地面积较小而总体布置内容较复杂，为使图面清晰，应考虑采用较大的绘图比例。小游园、庭院、屋顶花园等面积较小，可选用1∶200或更大的绘图比例。

### 2. 造园要素的平面图例

根据设计的要求，图中需绘制出各种造园要素的平面图例。

（1）地形　风景园林设计平面图中，地形的高低变化及其分布情况用等高线表示。设计地形等高线用细实线表示，原地形等高线用细虚线绘制。

（2）风景园林建筑　在大比例图样中，对有门窗的建筑，可用通过门、窗洞中间部位的水平剖面图来表示；对没有门窗的建筑，用通过支撑柱部位的水平剖面图表示；也可以用屋顶平面图表示（仅适用坡屋顶和曲面屋顶），用粗实线画出外轮廓，用细实线画出屋面线；对花坛、花架等建筑小品用中实线画出投影轮廓。在小比例图样中，只需用粗实线画出建筑水平投影外轮廓线，也可将建筑平面涂黑，建筑附属设施及小品可不画；对现有地形的主要地上物如原有建筑物、构筑物、道路、围墙等的可见轮廓线用细实线表示，地下管线用粗虚线画出。

（3）园路　园路用细实线画出路缘，对铺装路面也可按设计图案用细实线简略表示。

（4）水体　水体一般用两条线表示，外面一条为驳岸线，用特粗实线绘制，里面的一条为等深线，用细实线绘制。

（5）山石　山石均采用其水平投影轮廓线概括表示，以粗实线绘出边缘轮廓，以细实线绘出纹理。

（6）植物　园林植物种类繁多，姿态各异，平面图中无法详尽地表达，一般采用图例做概括表达，所绘图例应区分出针叶树、阔叶树、乔木、灌木、常绿树、落叶树、绿篱、草花、草坪、水生植物、疏林、密林等。图形应形象概括，树冠的投影要按成龄以后的树冠大小画。

### 3. 图例说明

图中所有的图例都应在图样中适当位置画出，并注明其含义。为了使图面清晰，便于阅读，也可对图例予以编号，然后再注明相应的名称。

## 三、竖向设计图

### （一）内容与用途

竖向设计图是根据设计平面图及原地形图绘制的地形详图，它借助标注高程的方法，表示地形在竖直方向上的变化情况及各造园要素之间位置高低的相互关系。它主要表现地形、地貌、建筑物、植物和园林道路系统的高程等内容。它是设计者从风景园林的实用功能出发，统筹安排园内各种景点、设施和地貌景观之间的关系，使地上设施和地下设施之间、山水之间、园内与园外之间在高程上有合理的关系所进行的综合竖向设计。竖向设计图包括竖向设计平面图（图8-3）、立面图、剖面图及断面图等。

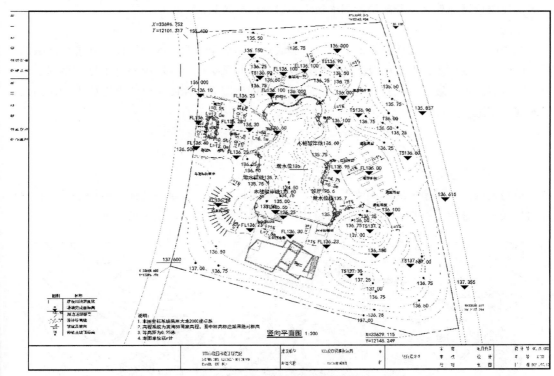

图8-3 竖向设计平面图示例

## （二）绘制要求

竖向设计图在总体规划中起着重要作用，它的绘制必须规范、准确、详尽。

1. 平面图

（1）绘图比例及等高距 平面图比例尺选择与总平面图相同。等高距（两条相邻等高线之间的高程差）根据地形起伏变化大小及绘图比例选定，绘图比例为 1：200、1：500、1：1000 时，等高距分别为 0.2m、0.5m、1m。

（2）地形现状及等高线 地形设计采用等高线等方法绘制于图面上，并标注其设计高程。设计地形等高线用细实线绘制，原地形等高线用细虚线绘制。等高线上应标注高程，高程数字处等高线应断开，高程数字的字头应朝向山头，数字要排列整齐。假设周围平整地面高程定为0.00，高于地面为正，数字前"+"号省略；低于地面为负，数字前应注写"-"号。高程单位为米（m），要求保留两位小数。

（3）其他造园要素

① 风景园林建筑及小品：按比例采用中实线绘制其外轮廓线，并标注出室内首层地面标高。

② 水体：标注出水体驳岸岸顶高程、常水水位及池底高程。湖底为缓坡时，用细实线绘出湖底等高线并标注高程。若湖底为平面时，用标高符号标注湖底高程。

③ 山石：用标高符号标注各山顶处的标高。

④ 排水及管道：地下管道或构筑物用粗虚线绘制，并用单箭头标注出规划区域内的排水方向。

为使图形清楚起见，竖向设计图中通常不绘制园林植物。

2. 立面图

在竖向设计图中，为使视觉形象更明了和表达实际形象轮廓，或因设计方案进行推敲的需要，可以绘出立面图，即正面投影图，使视点水平方向所见地形、地貌一目了然。根据表达需要，在重点区域、坡度变化复杂的地段，还应绘出剖面图或断面图，以便直观地表达该剖面上竖向变化情况。

# 四、种植设计图

## （一）内容与用途

植物是构成风景园林的基本要素之一，现代风景园林的一个重要特征是植物造景。种植设计图是表示园林植物种类、种植位置的设计图样。某公园种植设计图见图 8-4。

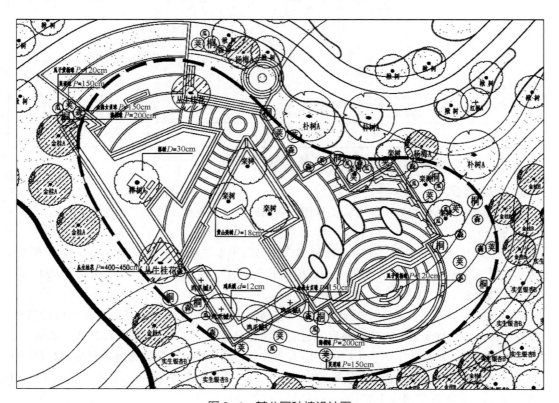

图 8-4　某公园种植设计图

## （二）绘图要求

1. 绘图比例

比例尺选择与总平面图相同。

2. 园林建筑及小品

按比例采用中实线只绘制其外轮廓线。

3. 水体

画出驳岸线及水深线。

4. 绘制各种植物平面图例

（1）将各种植物按平面图例，绘制在所设计的种植位置上，用圆点标出树干的位置，再根据成龄树木冠幅的大小画出树冠线。树冠线通常用细实线勾画，有时为了强调孤植树或常绿针叶树的特殊效果，也可加粗该树冠线。规则行列式种植时，仅注写在两端的树冠内（数字或名称）。

（2）为了便于区分树种、计算株数，应将不同树种统一编号，标注在树冠图例内（采用阿拉伯数字），也可将植物名称直接写在树冠内或附近。

（3）同一种树可用中实线，从树干中心将它们连接在一起注写植物名称或统一编号。

（4）树林、树群在种植范围内写明树种（编号或名称）并标注种植数量。

（5）草坪用小圆点表示，小圆点应绘得有疏有密。凡在道路、建筑、山石、水体等边缘处应密集，然后逐渐稀疏。

### （三）种植设计图的阅读

阅读种植设计图的主要目的是要明确绿化的目的与任务，了解种植植物的名称及种植的平面布局。

（1）看图名、比例、指北针、文字说明，了解工程名称，明确工程设计意图、工程性质、范围规模及方位。

（2）看各种植物的图例、代号及注写说明，了解植物的种类、名称，明确工程任务量。

（3）看图示植物的平面布局，明确植物的种植形式、配置方法及与整个环境的关系。

（4）看图示植物的种植位置，了解植物与用地内其他物体之间的距离，明确栽种植物与现有或规划的各种建筑物、构筑物、其他景物、地物和市政管线的相互位置关系。

# 五、道路广场设计图

### （一）内容与用途

园林道路与广场均属于园林中的硬质景观，园路、广场的设计应结合景区意境，衬托景色，美化环境。园林的路径不同于一般纯交通的道路，其交通功能从属于游览的要求。园路的迂回曲折与景石、景树、池岸等景观相配，不仅为景观组织所需要，而且还具有延长游览路线、扩大景观空间的效果，同时在烘托园林气氛、创造雅致的园林空间艺术效果等方面都起着重要的作用。道路广场设计图主要包括平面图、纵断面图和横断面图。

### （二）绘图要求

图 8-5 为某公园局部园路设计图，平面布置形式为自然式，外围环路宽 2.5m，混凝土路面；环路以内是自然布置的游步道，宽 1.5m，乱石铺砌路面。

1. 平面图

（1）绘图比例　比例尺选择与总平面图相同。

（2）园路　用细实线绘制园路的轮廓，用具体尺寸标明路面宽度，对于结构不同的路段，应以细虚线分界，虚线应垂直于园路的纵向轴线，并在各段标注横断面详细索引号。

对于自然式园路来说，由于平面曲线过于复杂，交点和曲线半径都难以确定，不便单独绘制平面曲线，其平面图形由平面图中的方格网控制。当园路平面图采用坐标方格网控制时，其轴线编号应与总平面图相符，以表示它在总平面图中的位置（图 8-5）。

（3）广场铺装　用细实线绘制广场的外轮廓，并标注其轮廓的具体尺寸，广场的中心和四周应标明标高，图中应表明铺装的规格和材质。某游园广场铺装设计平面图见图 8-6。

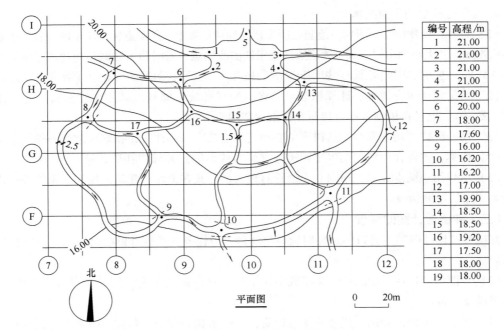

| 编号 | 高程/m |
|------|--------|
| 1 | 21.00 |
| 2 | 21.00 |
| 3 | 21.00 |
| 4 | 21.00 |
| 5 | 21.00 |
| 6 | 20.00 |
| 7 | 18.00 |
| 8 | 17.60 |
| 9 | 16.00 |
| 10 | 16.20 |
| 11 | 16.20 |
| 12 | 17.00 |
| 13 | 19.90 |
| 14 | 18.50 |
| 15 | 18.50 |
| 16 | 19.20 |
| 17 | 17.50 |
| 18 | 18.00 |
| 19 | 18.00 |

平面图

图 8-5 某公园局部园路设计图

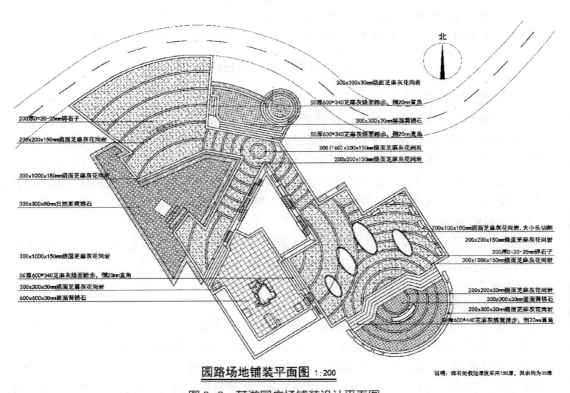

园路场地铺装平面图 1:200

图 8-6 某游园广场铺装设计平面图

### 2. 纵断面图

对于有特殊要求或路面起伏较大的园路，应绘制纵断面图。纵断面图是假设用铅垂面沿园路中心轴线剖切，然后将所得断面图展开而绘制的立面图。纵断面图显示出设计曲线与原地形曲线的关系，表示某一区段园路的起伏变化情况（图8-7）。

绘制纵断面图时，由于路线的高差比路线的长度要小得多，如果用相同比例绘制，就很难将路线的高差表示清楚，因此路线的长度和高差一般采用不同的比例绘制。

纵断面图的内容包括以下几项。

（1）地面线　地面线是道路中心线，是原地面高程的连接线，应用细实线绘制。

（2）设计线　设计线是道路的路基纵向设计高程的连接线，应用粗实线绘制。

（3）竖向线　当设计线纵坡变更处的两相邻坡度之差的绝对值超过一定数值时，在变坡处应设置竖向圆弧，来连接两相邻的纵坡，该圆弧称为竖曲线。竖曲线分为凸形竖曲线和凹形竖曲线，凸形竖曲线用"凸"表示，凹形竖曲线用"凹"表示。如图8-7中所示，7号点处和越过12号点10m处，分别设置了凹形竖曲线。其中字母$R$表示竖曲线的半径，$T$表示切线长（变坡点至切点间距离），$E$表示外距长（变坡点至曲线的距离），单位一律为米（m）。

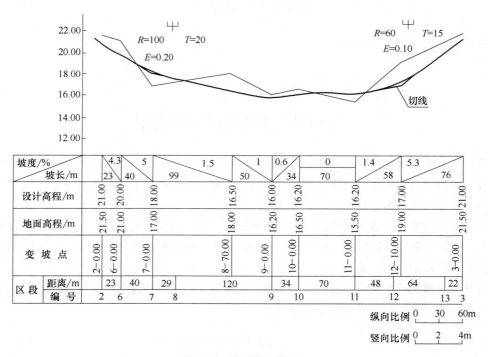

图8-7　道路纵断面图

（4）资料表　资料表的内容主要包括区段和变坡点的位置、原地面高程、设计线高程、坡度和坡长等。

3. 横断面图

横断面图是假设用铅垂切平面垂直园路中心轴线剖切而成的断面图，一般与局部平面图配合，表示路面布置形式及艺术效果等。某路基横断面图见图8-8。

（三）园路的铺装设计

园林的铺装材料常用水泥、方砖、石板、石块、卵石等。路面采用不同材料的组合及不同的铺砌方式可形成各种平面的连续图形，使得路面或具有自然情调，或显得活跃、生动，成为

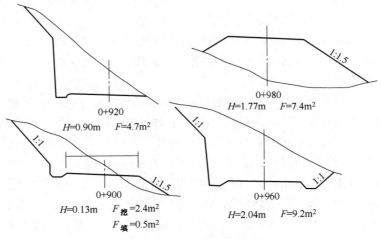

图 8-8  某路基横断面图

园林景观中一道靓丽的风景线。

# 第四节  风景园林施工图

风景园林施工图是用于指导风景园林工程施工的技术性图样。它详尽、准确、清晰地表示出工程区域范围内总体设计及各项工程设计内容、施工要求和施工做法等。因此在初步设计被批准后，要进行施工图设计。

施工图设计文件包括施工图、文字说明和预算。施工图类型比较多，但是绘制要求基本一致。施工图尺寸和高程均以米（m）为单位，数字要求精确到小数点后两位。具体的线型要求与上述各类图样的绘制一致。

常见风景园林施工图包括施工总平面图、竖向施工图、种植施工图、园路广场施工图、建筑施工图、假山施工图、水体施工图等。

## 一、施工总平面图

### （一）内容与用途

施工总平面图是用地及区域范围的总体综合性设计，是表现工程总体布局的图样，是工程施工放线、土方工程及编制施工规划的依据。

### （二）绘图要求

（1）图的比例尺为（1∶100）~（1∶500）。

（2）应以详细尺寸或坐标网格标明各类建筑物、构筑物、地下管线的位置及外轮廓。坐标网格一般为（2m×2m）~（10m×10m），其方向尽量与测量坐标网格方向一致。

（3）图中要注明基准点、基准线。同时，基准点要注明标高。

（4）注明道路、广场、台承、建筑物、河湖水面、山丘、绿地和古树根部的标高，它们的衔接部分也要做相应的标注。

## 二、竖向施工图

### （一）内容与用途

竖向施工图主要表示地形在竖直方向上的变化情况，为造园工程土方调配预算、地形改造的施工提供依据，是指导园林土方工程施工的技术性文件。竖向施工图主要包括平面图、断面图和做法说明等。

### （二）绘制要求

1. 平面图

（1）图的比例尺为（1∶100）~（1∶500）。

（2）画等高线　设计地形和原地形的高程用等高线表示，等高距为 0.25~0.5m。水池池底高程若用等高线表示，则要标出最低、最高及常水位。

（3）标注高程　标明园林建筑室内外和出入口、土（假）山山顶、水体驳岸岸顶、岸底的标高，道路的转折点、交汇处、变坡处应注明标高及纵坡坡度。

（4）画出排水方向和雨水口位置　必要时可增加土方调配图，方格为（2m×2m）~（10m×10m），注明各方格交点原地面标高、设计标高及填挖高度，并列出土方平衡表。

2. 断面图

对于重点地区、坡度变化复杂地段可增加断面图，并标明各关键部位的标高。图的比例尺为（1∶20）~（1∶50）。

3. 做法说明

可用文字、图形对土质分析情况、夯实程度、地形及客土的处理方法等加以说明。

## 三、种植施工图

### （一）内容与用途

种植施工图是表示园林植物的种类、数量、规格及种植形式和施工要求的图样，是定点放线和组织种植施工与养护管理、编制预算的依据。种植施工图主要包括平面图、详图、苗木表、做法说明等。为了反映植物的高低配置要求及设计效果，必要时还要绘出立面图和透视图。

### （二）绘图要求

1. 平面图

（1）图的比例尺为（1∶100）~（1∶500）。

（2）标注尺寸或绘制方格网　在图上标注出植物的间距和位置尺寸以及植物的品种、数量，标明与周围固定构筑物和地下管线距离的尺寸，作为施工放线的依据。自然式种植可以用方格网控制距离和位置，方格网用（2m×2m）~（10m×10m），方格网尽量与测量图的方格线在方向上一致。现保留树种如属于古树名木，要单独注明。

（3）树木种类及数量较多时，可分别绘出乔木和灌木的种植图。

2. 立面图

立面图主要在竖向上表明各园林植物之间的关系，园林植物与周围环境及地上、地下管线设施之间的关系等。

**3. 详图**

必要时可绘制种植详图，说明种植某一种植物时挖穴、覆土施肥、支撑等种植施工要求。图的比例尺为（1：20）~（1：50）。

**4. 苗木表**

列表（表8-2、表8-3）说明植物的种类、规格 ［胸径以厘米（cm）为单位，写到小数点后一位；冠径、高度以米（m）为单位，写到小数点后一位］、数量等。观花类植物应在备注中标明花色、数量等。

表8-2 乔灌木数量统计表

| 序号 | 名称 | 拉丁名 | 规格 | | | 数量 | 单位 | 备注 |
| | | | 胸（地）径/cm | 高度/cm | 冠幅/cm | | | |
|---|---|---|---|---|---|---|---|---|
| 1 | 榉树 | *Zelkova serrata* （Thunb.） Makino | 30 | 900~950 | 500~550 | 1 | 株 | 全冠,树形优美,5级以上分枝,第一分枝点 200~250cm,分枝均匀开展 |
| 2 | 复羽叶栾树 | *Koelreuteria bipinnata* Franch. | 18 | 700~750 | 450~500 | 7 | 株 | 全冠,树形优美,3级以上分枝,第一分枝点 200~250cm,分枝均匀开展 |
| 3 | 桂花 | *Osmanthus fragrans* （Thunb.）Lour. | 30 | 400~450 | 400~450 | 2 | 株 | 全冠,多分枝,分枝粗壮,树形饱满 |
| 4 | 鸡爪槭 | *Acer palmatum* （Thunb.）in Murray | 12 | 400~450 | 300~350 | 4 | 株 | 全冠,分枝点小于80cm,树姿优美,枝叶具有层次感 |
| 5 | 海桐球 | *Pittosporum tobira*（Thunb.） W. T. Aiton | — | 150~180 | 180 | 11 | 株 | 球形饱满,不露脚 |
| 6 | 火棘 | *Pyracantha fortuneana* （Maxim.）H. L. Li | — | 130~150 | 150 | 13 | 株 | 球形饱满,不露脚 |
| 7 | 日本女贞 | *Ligustrum japonicum* （Thunb.） | — | 130~150 | 150 | 13 | 株 | 球形饱满,不露脚 |
| 8 | 黄杨 | *Buxus Sinica* （Rehd. et Wils.） Cheng, stat. nov. | — | 100~120 | 120 | 13 | 株 | 球形饱满,不露脚 |

**5. 做法说明**

用文字说明选用苗木的要求（品种、养护措施等），栽植地区客土层的处理、客土或栽植土的土质要求、施肥要求，对非植树季节的施工要求等。

表 8-3                                                                                              灌木地被面积统计表

| 序号 | 名称 | 拉丁名 | 规格 | | | 单位 | 备注 |
|------|------|--------|------|------|------|------|------|
| | | | 高度/cm | 冠幅/cm | 面积 | | |
| 1 | 龟甲冬青 | *Ilex crenata* var. convexa Makino | 35～40 | 25～30 | 157 | m² | 36 株/m²，修剪后高度 |
| 2 | 小蜡 | *Ligustrum sinense* Lour. | 30～35 | 25～30 | 139 | m² | 36 株/m²，修剪后高度 |
| 3 | 小叶黄杨 | *Buxus sinica* var. parvifolia M. Cheng | 35～40 | 25～30 | 104 | m² | 36 株/m²，修剪后高度 |
| 4 | 金边麦冬 | *Liriope spicata* var. Variegata | — | — | 34 | m² | 4～5 分叶/丛，49 丛/m²，自然茂盛状态 |
| 5 | 肾蕨 | *Nephrolepis cordifolia* (L.) C. Presl | 25～30 | 25～30 | 11 | m² | 36 株/m²，插植于绿植墙内种植土 |
| 6 | 勾叶结缕草 | *Zoysia matrella* (L.) Merr. | — | — | 20 | m² | 满铺不露土 |

## 四、水体施工图

### （一）内容与用途

风景园林中的水体如喷泉、水池等在造景中被广泛使用，它能使风景园林富有生气，是美化环境的重要手段。它与形态各异的山石、造型独特的小桥等配景，易于突出造园效果。水体工程施工图是指导水体施工的技术性文件。水体工程施工图主要包括平面图、详图及做法说明等。

### （二）绘制要求

水景平面图和详图如图 8-9 所示。

1. 平面图

平面图主要表示水池的平面形状及布局。形状规则的水池应标注出轮廓尺寸及与周围环境设施的相对位置尺寸；自然式水池可用直角坐标网格控制轮廓，网格一般为（2m×2m）～（10m×10m）。若为喷水池或种植池，则还需表示出喷头和种植植物的平面位置。

2. 详图

详图主要表现池岸、池底结构，表层（防护层）、防水层的施工做法，池底铺砌及驳岸的断面形状、结构、材料和施工方法和要求，池岸与山石、绿地、树木结合部的做法等。

## 五、园路及广场施工图

### （一）内容与作用

园路及广场施工图是指导园林道路和广场施工的技术性图样，它能够清楚地反映园林路网和广场布局及广场、园路铺装的材料、施工方法和要求等。园路及广场施工图包括平面图、断面图、详图和做法说明等。

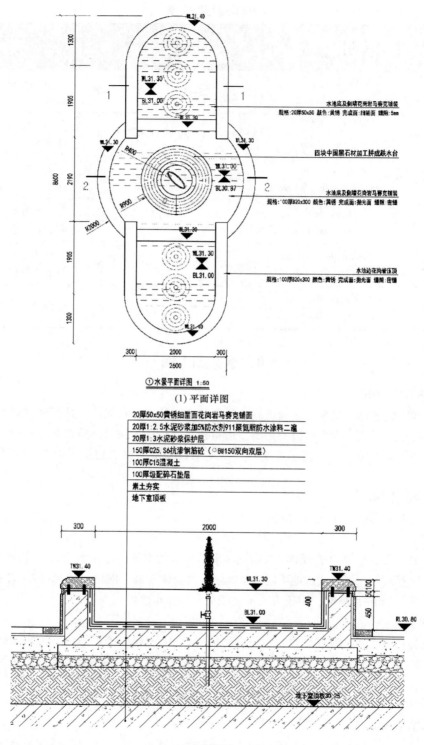

(1) 平面详图

(2) 1—1剖面详图

图 8-9　水景平面图和详图

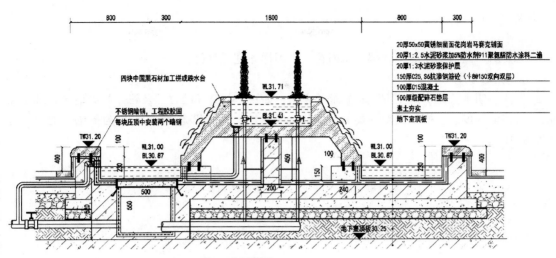

（3）2—2剖面详图

图8-9　水景平面图和详图（续）

## （二）绘图要求

### 1. 平面图

（1）图的比例尺为（1∶20）~（1∶50）。

（2）标注广场的轮廓、路面宽度与细部尺寸，以及广场与园路和周围设施的相对位置尺寸，曲线园路应标出转弯半径或以（2m×2m）~（10m×10m）的网格定位。

（3）标注路面及广场高程，路面纵向坡度、路面中心标高、各转折点标高及路面横向坡度，广场中心、四周标高及排水方向等。

（4）道路及广场的表面铺装材料及其形状、大小、图案、花纹、色彩、铺排方式和相互位置关系等。

### 2. 断面图

断面图标注路面和广场纵、横断面的尺寸，表达铺装路面结构及表层、基础做法等。图的

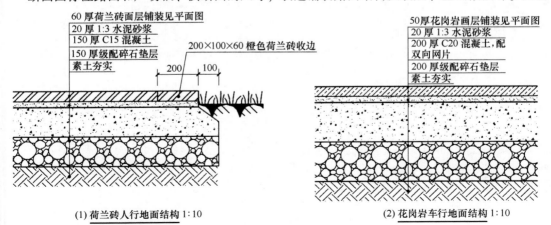

图8-10　道路铺装做法详图

比例尺为（1∶20）~（1∶50）。

3. 详图

必要时对路面的重点结合部及路面花纹可用详图进行表达。

4. 做法说明

做法说明主要是对施工方法和要求的说明，如路牙与路面结合部及路牙与绿地结合部的做法，对路面强度、表面粗糙度的要求及铺装缝线允许尺寸［以毫米（mm）为单位］的要求等（图 8-10）。

# 计算机制图

计算机绘制园林工程图具有快速简便、易于掌握和修改、便于输出和保存等优点，其中最具代表性的绘图软件是 Autodesk 公司出品的 AutoCAD 软件，为当前通用的绘图软件。为了提高 AutoCAD 软件的绘图效率，还出现了一批基于 AutoCAD 二次开发的软件，目前应用较广泛的是天正系列软件，其中天正建筑在风景园林工程制图片应用较多。本章主要介绍 AutoCAD 2020 和天正建筑 T20 V7.0 版的绘制风景园林工程图的基本知识，并通过实例来讲解计算机绘制风景园林工程图的一般步骤与方法。

## 第一节　AutoCAD 2020 基本操作

### 一、认识软件界面

AutoCAD 2020 提供了"草图与注释""三维基础"和"三维建模"3 种工作空间模式，用户可以根据自己的习惯或工作需求设置并保存自己的工作空间。"草图与注释"为默认状态下的工作空间模式，其界面主要由快速访问工具栏、标题栏、菜单栏、功能区、绘图区、命令行、状态栏等组成，如图 9-1 所示。

（一）快速访问工具栏

快速访问工具栏位于 AutoCAD 窗口顶部左侧，它提供了对定义的命令集的直接访问。用户可以添加、删除和重新定位命令和控件。默认状态下，快速访问工具栏包括新建、打开、保存、另存为、打印、放弃、重做命令和工作空间控件。

（二）标题栏

标题栏位于应用程序窗口的最上面中间位置，用于显示软件的名称和当前打开的文件名称等信息。标题栏右端按钮分别代表最小化、最大化以及关闭应用程序窗口。

（三）菜单栏

菜单栏在默认情况下是不显示的，可以通过展开快速访问工具栏最后的按钮，从中可以控制菜单栏的显示或隐藏。显示后的菜单栏位于标题栏下方，由多个菜单组组成，每个菜单组又

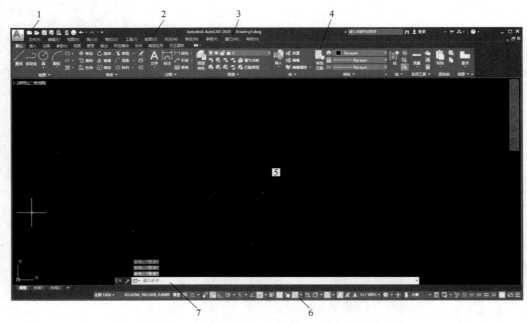

1—快速反应工具；2—菜单栏；3—标题栏；4—功能区；5—绘图区；6—状态栏；7—命令窗口。

图 9-1　AutoCAD 2020 软件界面

包含了一些菜单项和级联子菜单，这里几乎包括了 AutoCAD 中全部的功能和命令。

（四）功能区

功能区由多个面板组成，其中包含了设计绘图的绝大多数命令，它为相关命令提供了一个单一、简洁的放置区域。用户只要单击面板上的按钮即可激活相应命令。切换功能区选项卡上不同的标签，AutoCAD 将显示不同的面板。

（五）绘图窗口

绘图窗口是绘图、编辑图形对象的工作区域，绘图区域可以随意扩展，在屏幕上显示的可能是图形的一部分或全部区域，用户可以通过缩放、平移等命令来控制图形的显示。绘图窗口是用户在设计和绘图时最为关注的区域，所有的图形都在这里显示，所以要尽可能保证绘图窗口大一些。

在绘图区域移动鼠标会看到一个十字光标在移动，这就是图形光标。绘制图形时图形光标显示为十字形，拾取编辑对象时图形光标显示为拾取框。绘图窗口左下角是 AutoCAD 的直角坐标系显示标志，用于指示图形设计的平面。绘图窗口下方的"模型"和"布局"选项卡分别代表模型空间和图纸空间，单击其标签可在模型空间和图纸空间之间进行切换。

（六）命令窗口

命令窗口是 AutoCAD 的核心部分，它通常固定在应用程序窗口的底部。"命令"窗口可显示提示、选项和消息，是 AutoCAD 软件中最重要的人机交互的地方。为了提高绘图效率，可以直接在"命令"窗口中输入命令，不需要使用功能区、工具栏和菜单，常用的命令见表 9-1。

（七）状态栏

状态栏位于工作界面的最底部，用以显示光标位置、绘图工具以及会影响绘图环境的工具。

表 9-1　　　　　　　　　　　　AutoCAD 常用命令快捷键

| 快捷键 | 中文命令 | 快捷键 | 中文命令 | 快捷键 | 中文命令 |
|---|---|---|---|---|---|
| A | 圆弧 | H | 填充 | P | 实时平移 |
| AA | 面积 | I | 插入块 | PE | 编辑多段线 |
| B | 定义块 | L | 直线 | PL | 多段线 |
| BR | 打断 | LA | 图层操作 | POL | 多边形 |
| C | 圆 | M | 移动 | PU | 清理垃圾 |
| CO | 复制 | MA | 特性匹配 | RE | 重生成 |
| DI | 距离 | ME | 定距等分 | RO | 旋转 |
| DIV | 定数等分 | MI | 镜像 | S | 拉伸 |
| E | 删除 | MO | 对象特性 | SC | 比例缩放 |
| EX | 延伸 | O | 偏移 | X | 分解 |
| F | 倒圆角 | OP | 选项 | | |

主要由当前的坐标、功能按钮等组成，其中左侧的"坐标"区用于动态地显示当前光标所处的三维坐标数值。状态栏上大多数功能按钮是为了提高作图效率而设置的。

## 二、基本操作方法

使用 AutoCAD 绘制园林工程图，应熟练掌握 AutoCAD 中命令和文件的基本操作。

### （一）命令的基本操作

AutoCAD 绘图是通过对一系列命令的操作来完成的。命令的基本操作主要有命令的输入、命令的取消、命令的重复执行等。

1. 命令的输入

一般可通过 4 种方式完成命令的输入：点击工具栏上相应的图标；点击菜单栏中对应的命令；命令行中输入命令快捷键（常用命令快捷键见表 9-1）；使用快捷菜单。

2. 命令的取消

在使用 AutoCAD 进行绘图时，有时会输入错误的命令或选项，可以直接按"Esc"键，取消当前命令的操作。

3. 命令的重复执行

在绘图过程中，有时需要重复执行某个命令，在执行一次这个命令之后，直接按回车键、空格键或者在绘图区域单击鼠标右键，并选取右键菜单中的"重复××"命令，可重复执行该命令。

### （二）文件的基本操作

文件的基本操作主要包括新建图形文件、打开图形文件、保存图形文件和关闭图形文件等。

1. 新建图形文件

可选择"文件/新建"命令，打开"选择样板"对话框中的"Template"样板文件夹，显示 AutoCAD 自带或用户自己预先设定的样板文件，新建图形将已选中的样板文件作为新样板创建。

2. 打开图形文件

要打开现有的 AutoCAD 图形可在"启动"对话框中选择"打开文件"。如果 AutoCAD 已经启动，可选择"文件/打开"命令，打开已有的图形文件。

3. 保存图形文件

可选择"文件/保存"命令，以当前使用的文件名保存图形；也可选择"文件/另存为"命令（SAVE AS），将当前图形以新的名称保存。AutoCAD 具有自动保存功能，默认值是间隔 10min 保存一次，可以在选项中进行设置。

4. 关闭图形文件

选择"文件/关闭"命令，或在绘图窗口中单击"关闭"按钮，可以关闭当前图形文件。

# 第二节　AutoCAD 2020 基本图形绘制与编辑

任何平面图形都是由点、直线、圆、圆弧、椭圆、样条曲线等基本要素组成，只有熟练掌握基本图形的绘制与编辑，才能更快、更好地绘制出较为复杂的图形。

## 一、基本图形绘制

AutoCAD 提供了多种基本图形的绘制命令，主要有点、直线、多段线、矩形、正多边形、圆、圆弧、椭圆、样条曲线、修订云线等。这些基本图形的绘制都要求首先输入点来确定它们的大小、方向和位置。

### （一）点的坐标输入法

点的坐标可以使用绝对直角坐标、绝对极坐标、相对直角坐标和相对极坐标 4 种方法表示，它们的特点如下。

1. 绝对直角坐标

绝对直角坐标是从点（0，0）或（0，0，0）出发的位移，可以使用分数、小数或科学记数等形式表示点的 $X$ 轴、$Y$ 轴、$Z$ 坐标值，坐标间用逗号隔开，如点（8.3，5.8，8.8）。

2. 绝对极坐标

绝对极坐标是从点（0，0）或（0，0，0）出发的位移。但给定的是距离和角度，其中距离和角度用"<"分开，且规定 $X$ 轴正向为 0°，$Y$ 轴正向为 90°，如点（4.27<60）。

3. 相对直角坐标和相对极坐标

相对坐标是指相对于某一点的 $X$ 轴和 $Y$ 轴位移，或距离和角度。它的表示方法是在绝对坐标表达方式前加上"@"号，如（@ -13，8）和（@ 11<24）。其中，相对极坐标中的角度是新点和上一点连线与 $X$ 轴的夹角。

### （二）绘制直线

选择"绘图/直线"命令（LINE），或在功能区的"绘图"面板中单击"直线"按钮绘制，绘制连续折线时，在输入"LINE"命令后指定第一点，然后连续指定多个点，按"Enter"

键命令结束。折线若需闭合，可输入"C"，如要删除刚刚绘制的上一条直线，则可输入"U"。在绘制直线的过程中，可灵活运用直角坐标和极坐标、绝对坐标和相对坐标，并结合 AutoCAD 所提供的对象捕捉、对象追踪和极轴捕捉等辅助绘图功能。

### （三）绘制多段线

多段线是由一系列相连的直线或圆弧组成的一个图形对象。选择"绘图/多段线"命令（PLINE），或在功能区的"绘图"面板中单击"多段线"按钮绘制，绘制好的多段线各段直线或圆弧可以一起编辑，也可以分别编辑。

### （四）绘制矩形

选择"绘图/矩形"命令（RECTANGLE），或在功能区的"绘图"面板中单击"矩形"按钮，即可绘制出倒角矩形、圆角矩形、有厚度的矩形等。默认情况下，可通过指定两个对角点来绘制矩形。

### （五）绘制正多边形

选择"绘图/正多边形"命令，或在功能区的"绘图"面板中单击"正多边形"按钮，可以绘制边数为 3~1024 的正多边形。默认情况下，可以使用正多边形的外接圆或内切圆来绘制正多边形。若选择"边（E）"选项，将以指定的两点间距作为多边形一条边的两个端点来绘制多边形。

### （六）绘制圆

选择"绘图/圆"命令中的子命令，或在功能区的"绘图"面板中单击"圆"按钮即可绘制圆。在 AutoCAD 中，可以使用 6 种方法绘制圆，其中"两点"绘制圆是指圆上某一直径的两个端点，"三点"绘制圆是指通过点击圆上三个点来确定圆。

### （七）绘制圆弧

AutoCAD 提供了多种绘制圆弧的方法。点击"绘图/圆弧"命令（ARC），在下拉列表中可以选择某一种绘制方法。也可通过点击工具栏中的图标或输入命令，结合命令行提示绘制。如"绘图/圆弧/三点"是一种绘制方法，即绘制通过指定三个点来绘制一段圆弧，三个点就是圆弧的起点、通过的第二点和端点。

### （八）绘制椭圆或椭圆弧

选择"绘图/椭圆"命令，或在功能区的"绘图"面板中单击"椭圆"或"椭圆弧"按钮即可绘制椭圆或椭圆弧。

在 AutoCAD 中，可以通过以下方法绘制椭圆：根据指定的椭圆中心、一个轴的端点（主轴）以及另一个轴的半轴长度来绘制椭圆；指定一个轴的两个端点（主轴）和另一个轴的半轴长度绘制椭圆；也可以通过旋转圆并投影的方法来绘制椭圆。系统默认根据椭圆弧的包含角来确定椭圆弧，也通过指定的参数来确定椭圆弧。

### （九）绘制样条曲线

在园林工程制图中，样条曲线经常用于绘制园林道路、水面、绿地和模纹花坛等。样条曲线是一种通过或接近指定点拟合生成的光滑曲线。选择"绘图/样条曲线"命令，或在功能区的"绘图"面板中单击"样条曲线"按钮，即可绘制样条曲线。

默认情况下，可以指定样条曲线的起点，然后指定样条曲线的另一个点后，系统将提示"指定下一点或'闭合（C）/拟合公差（F）'<起点切向>:"。可通过继续定义样条曲线的控制点来创建样条曲线，也可以使用其他选项绘制样条曲线在完成控制点的指定后，要求确定样条曲线在起点处和端点处的切线方向，可在该提示下直接输入表示切线方向的角度值，或者通过移动鼠标的方法来确定样条曲线的切线方向。通过"闭合"选项（C）可以绘制出一条封闭的样条曲线，此时需要指定起点和端点的公共切线方向。

### （十）绘制修订云线

修订云线命令用于绘制由连续的圆弧线组成的图形，在园林图中多用于绘制一些不规则的图形，如成片的树林、灌木丛和自然的模纹图案等。选择"绘图/修订云线"命令，或在功能区的"绘图"面板中单击"修订云线"按钮，即可绘制修订云线。

### （十一）创建块与编辑块

块是一个或多个对象组成的对象集合，具有特定的名称和属性。使用块可提高作图效率，节省存储空间。

1. 创建块

选择"绘图"/"块"/"创建"，打开"块定义"对话框，可将已绘制的对象创建为块。

2. 插入块

选择"插入"/"块"命令，可按照一定的比例与旋转角度插入块。

3. 块编辑器

园林工程图中，有时要在整个图形中创建一个块并复制很多个，AutoCAD 提供了方便修改的块编辑器，只需编辑其中一个块、整个图形中的所有相同的块都会得到修改。选中需要编辑的块，单击右键、在下拉菜单中选择"块编辑器"，就可对块进行编辑。

### （十二）图案填充

将图案填充至某个区域，以表达该区域的特征，称为图案填充。在园林工程图中，图案填充的应用非常广泛。

选择"绘图"/"图案填充"命令。或在功能区的"绘图"面板中单击"图案填充"按钮，显示"图案填充和渐变色"对话框的"图案填充"选项卡。

1. 类型和图案

设置图案填充的类型和图案本身的样式。

2. 角度和比例

可根据需要设置填充图案的角度，默认旋转角度为零。当图案填充时，有时不能显示或过于密集，可通过修改图案填充时的比例值进行调整。

3. 边界

设置被填充图案的边界。点击"拾取点"按钮，切换到绘图窗口，在需要填充的区域内任意指定一点，系统会自动计算出包围该点的封闭填充边界，同时亮显该边界。点击"选择对象"按钮，将切换到绘图窗口、直接选择填充区域的边界。

### （十三）文字

文字普遍存在于园林工程图中，如施工要求、材料说明、明细表等。

1. 创建文字样式

AutoCAD 默认使用当前的文字样式，也可以根据具体要求重新设置文字样式或创建新的样式。文字样式包括文字"字体""大小""效果"等参数。

选择"格式/文字样式"，打开"文字样式"对话框，用于创建一种新的文字样式，或对一种已经存在的文字样式进行修改。

2. 创建和编辑单行文字

在 AutoCAD 中，单行文字用于创建文字内容较简短的文字对象，每一行都是一个文字对象，可进行单独编辑。

选择"绘图/文字/单行文字"命令，或在功能区的"注释"面板中单击"单行文字"按钮，可创建单行文字对象。默认情况下，通过指定单行文字行基线的起点位置创建文字。如果当前文字样式的高度设置为 0，系统将要求指定文字高度和旋转角度，最后输入文字即可。在绘图窗口中双击要编辑的单行文字，可对单行文字的内容进行编辑。

3. 创建和编辑多行文字

多行文字是更易于管理的文字对象，各行文字都是作为一个整体处理，常用于创建较为复杂的文字说明。相对于单行文字，多行文字具有更加强大的文字编辑功能。

选择"绘图/文字/多行文字"命令，或在功能区的"注释"面板中单击"多行文字"按钮，在绘图窗口中指定多行文字的输入区域，打开"文字格式"工具栏和文字输入窗口，设置多行文字的样式、字体及大小等属性。

需要编辑多行文字时，可在绘图窗口中双击要编辑的多行文字进行编辑。

## 二、图　形　编　辑

为了提高绘图效率，保证作图的精确性，图形绘制的过程中需要频繁使用编辑命令。二维图形编辑命令主要包括删除、复制、镜像、偏移、阵列、移动、旋转、缩放等。在编辑图形前首先要知道如何选择编辑对象。

### （一）选择编辑对象

在 AutoCAD 2020 中，选择对象的方法很多，但通常通过单击选取对象，按住"Shift"键单击可以从选择集中去除对象，还可以用矩形窗口（WINDOW）或交叉窗口（CROSSING）来选择多个对象。其中矩形窗口选择是将光标从图形的左边向右边选择，完全处于矩形框内的对象将被选中；交叉窗口选择是将光标从图形的右边向左边选择，矩形框包围和相交的对象都被选中。除此之外，还有栏选、编组、圈交和单个等选择方法。

### （二）删除

选择"修改"/"删除"命令（ERASE），或在功能区的"修改"面板中单击"删除"按钮，选择要删除的对象，然后按"Enter"键或鼠标右键即可删除选择的对象。还可以通过点击键盘的"Delete"键来删除对象。

### （三）复制

选择"修改"/"复制"命令（COPY），或在功能区的"修改"面板中单击"复制"按钮，选择需要复制的对象、然后指定位移的基点和位移矢量（相对于基点的方向和大小），可将已有的对象复制出副本，并放到指定的位置，"复制"命令可以同时创建多个副本。

### （四）镜像

选择"修改"/"镜像"命令（MIRROR），或在功能区的"修改"面板中单击"镜像"按钮，选择要镜像的对象、然后通过两点指定镜像线，可将对象以镜像线对称复制。

### （五）偏移

选择"修改"/"偏移"命令（OFFSET），或在功能区的"修改"面板中单击"偏移"按钮，指定偏移的距离，再选择对象，然后指定偏移的方向即可偏移选择对象。常利用"偏移"命令的特性创建平行线、绘制地形图或等距离分布图形。

### （六）阵列

选择"修改"/"阵列"或在功能区的"修改"面板中单击"阵列"按钮，AutoCAD 有 3 种阵列方式可供选择，它们分别是矩形阵列（ARRAY-RECT）、路径阵列（ARRAYPATH）和环形阵列（ARRAYPOLAR）。其中矩形阵列方式复制对象如图 9-2(1)所示，路径阵列方式复制对象如图 9-2(2)所示，环形阵列方式复制对象如图 9-2(3) 所示。

(1) 矩形阵列方式复制对象　　　　(2) 路径阵列方式复制对象　　　　(3) 环形阵列方式复制对象

图 9-2　阵列

### （七）移动

选择"修改"/"移动"命令（MOVE），或在功能区的"修改"面板中单击"移动"按钮，选择要移动的对象，然后指定位移的基点和位移矢量来移动对象。

### （八）旋转

选择"修改"/"旋转"命令（ROTATE），或在功能区的"修改"面板中单击"旋转"按钮，选择要旋转的对象，指定旋转的基点，命令行将显示"指定旋转角度或【复制（C）参照（R）】<0>"提示信息，直接输入角度值，对象将绕基点转动该角度，角度为正时逆时针旋转，角度为负时顺时针旋转。

### （九）缩放

选择"修改"/"缩放"命令（SCALE），或在功能区的"修改"面板中单击"缩放"按钮，可以将对象按指定的比例因子相对于基点进行比例缩放。

### （十）修剪

如果图形对象超过某界线，需修剪时，选择"修改"/"修剪"命令（TRIM），或在功能区的"修改"面板中单击"修剪"按钮，可以以某一对象为基准，修剪其他对象。默认情况下，选择被修剪的对象，系统将以剪切边为界，将被剪切对象上位于拾取点一侧的部分剪切掉。

### （十一）延伸

选择"修改"/"延伸"命令（EXTEND），或在功能区的"修改"面板中单击"延伸"按钮，可以延长指定的对象与另一对象相交。延伸命令的使用方法和修剪命令的使用方法相似。

### （十二）倒角

若要对图形对象倒角时，选择"修改"/"倒角"命令（CHAMFER），或在功能区的"修改"面板中单击"倒角"按钮，选择进行倒角的两条相邻直线，然后按指定的倒角大小对这两条直线修倒角。

### （十三）圆角

选择"修改"/"圆角"命令（FILLET），或在功能区的"修改"面板中单击"圆角"按钮，选择要进行圆角处理的两条直线（非平行线），则会按照指定的圆角半径大小对这两条直线倒圆角。

### （十四）打断

对象需部分删除或分解时，选择"修改"/"打断"命令（BREAK），或在功能区的"修改"面板中单击"打断"按钮，在需要打断的直线上拾取两点，这两点间的线段被删除。如果对圆、矩形等封闭图形使用打断命令时，AutoCAD 将沿逆时针方向把第一断点到第二断点之间的那段圆弧或直线删除。

如果在确定第二个打断点时，在命令行输入"@"并回车，可以使第一和第二断点重合，即将对象一分为二。

### （十五）打断于点

在功能区的"修改"面板中单击"打断于点"按钮，可以将对象在一点处断开成两个对象，它是从"打断"命令中派生出来的。

### （十六）合并

如果多个图形对象需要合并时，选择"修改"/"合并"命令（JOIN），或在功能区的"修改"面板中单击"合并"按钮。选择需要合并的对象，按"Enter"键即可将这些对象合并成一个图形对象。注意，合并的前提条件是所选对象能够合并成一条直线、一段圆弧或一个圆。

### （十七）分解

由多个图形对象组成的组合对象，如块、矩形、多段线和正多边形等，有时需要对单个图形进行编辑，就需要先将图形分解开。选择"修改"/"分解"命令（EXPLODE），或在功能区的"修改"面板中单击"分解"按钮，选择需要分解的对象后按"Enter"键，即可将选中的图形对象分解成多个单独的图形对象。

# 第三节　图纸标注和图形输出

标注是风景园林工程图的重要组成部分，包括尺寸标注、符号标注等。AutoCAD 提供的多种基本标注工具，可以满足风景园林工程图纸中各种类型尺寸标注的要求。天正建筑在 Auto-CAD 的基础上，结合工程实践，提供了更加方便快捷的标注方式。

## 一、AutoCAD 的图纸标注方法

对风景园林工程图进行标注，首先要建立符合风景园林制图标准的标注样式，然后使用标注命令进行标注。

### （一）建立标注样式

选择"格式"/"标注样式"命令，打开"标注样式管理器"对话框，单击"新建"按钮，在打开的"创建新标注样式"对话框中设置了新样式的名称、基础样式和使用范围后，单击"继续"按钮，弹出如图 9-3 所示的"新建标注样式"对话框。该对话框中有 7 个选项，可按照国家制图标准创建标注中的尺寸线、符号和箭头、文字、单位等内容。

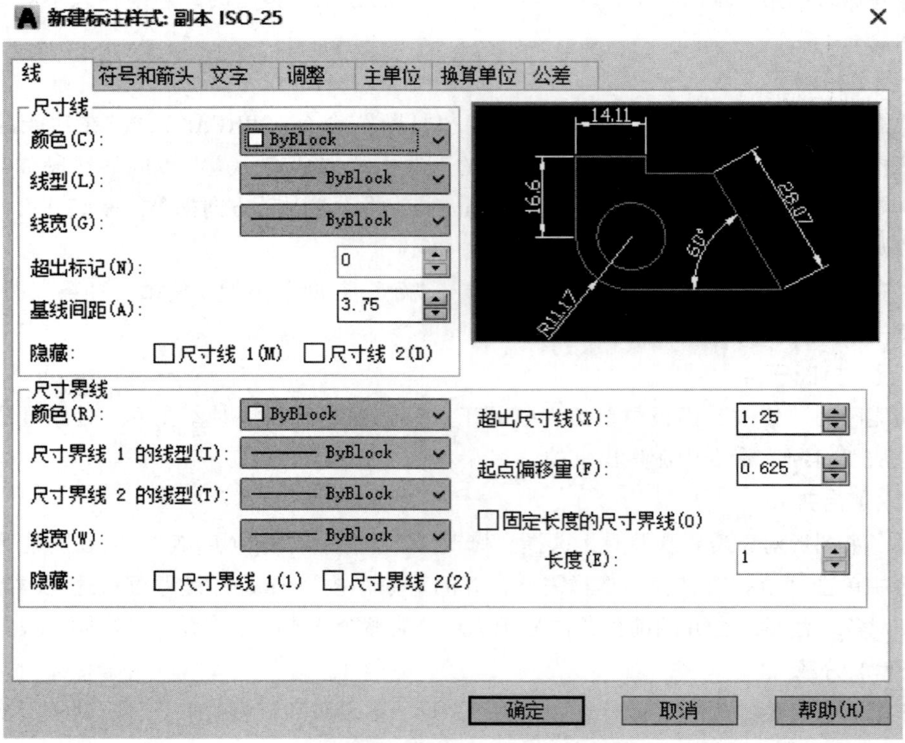

图 9-3 "新建标注样式"对话框

## （二）尺寸标注命令

AutoCAD 中的尺寸标注命令可归纳为以下 3 类：长度型尺寸标注；半径（直径）标注、圆心标注和角度标注；其他类型的标注。

1. 长度型尺寸标注

长度型尺寸标注用于标注图形中两点间的长度。长度型尺寸标注包括线性标注、对齐标注、弧长标注、基线标注和连续标注等。可选择"标注"菜单中的"线性""对齐"与"弧长"等命令进行标注。

（1）线性标注　线性标注可以水平、垂直或对齐放置。可根据放置文字时光标的移动方式，使用 DIM 命令创建对齐标注、水平标注或垂直标注。如图 9-4(1) 所示。

（2）对齐标注　在对直线段进行标注时，如果该直线的倾斜角度未知，那么使用线性标注方法将无法得到准确的测量结果，这时可以使用对齐标注。如图 9-4(1) 所示。

（3）弧长标注　可标注圆弧线段或多段线圆弧线段部分的弧长。当指定了尺寸线的位置后，系统将按实际测量值标注出圆弧的长度。另外，如果选择"部分（P）"选项，可标注选定圆弧某一部分的弧长。如图 9-4(2) 所示。

（4）线标注　可创建一系列由相同的标注原点测量出来的标注。在进行基线标注之前须先创建（或选择）一个线性、坐标或角度标注作为基准标注，然后点击菜单"标注"/"基线标注"命令进行标注。如图 9-4(3) 所示。

（5）续标注　可创建一系列端对端放置的标注，每个连续标注都从前一个标注的第二个

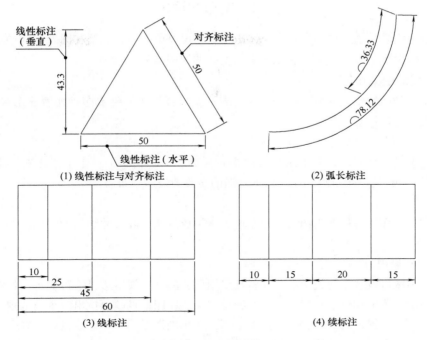

图 9-4　长度型尺寸标注

尺寸界线处开始。在进行连续标注之前，必须先创建（或选择）一个线性、坐标或角度标注作为基准标注，以确定连续标注所需的前一尺寸标注的尺寸界线，然后点击菜单"标注"/"连续标注"命令进行标注。如图 9-4（4）所示。

2. 半径（直径）标注、圆心标注和角度标注

可以使用"标注"菜单中的"半径""直径"与"圆心"命令，标注圆或圆弧的半径尺寸、直径尺寸及圆心位置。角度标注可标注圆和圆弧的角度、两条直线间的角度，或者三点间的角度。

3. 其他类型的标注

可选择"标注"菜单中的"坐标""快速标注"与"引线"等命令，进行坐标标注、快速标注和引线标注等。

（1）坐标标注　可相对于用户坐标原点进行坐标标注。

（2）快速标注　可以快速创建成组的基线、连续、坐标标注，也可快速地标注多个圆、圆弧的半径或直径。

（3）引线标注　可以创建引线和注释，并且可以设置引线和注释的样式，还可进行形位公差的标注。

（三）编辑标注对象

在 AutoCAD 中，可以对已标注对象的文字、位置及样式等内容进行修改。在"标注"工具栏中，单击"编辑标注"按钮，或选择"标注"/"对齐文字"子菜单中的命令，可编辑已有标注的文字内容及其放置位置。默认情况下，可通过移动光标来确定尺寸文字的新位置。当许多标注对象需要修改时，可通过修改标注样式来实现。

## 二、图形的输出

图形绘制完后，通常要输出打印到图纸上。输出打印设置首先要在图纸空间中进行，打印的图形可以包含图形的单一视图，或者更为复杂的视图排列。

### （一）图纸空间布局

布局是一种图纸空间环境，一个布局代表一张可以使用一种或多种比例显示视图的图纸，并提供直观的打印设置。

1. 创建布局

默认情况下，绘图区域左下角已有两个布局选项卡，在其中一个上单击右键菜单，选择"新建布局"可新建一个布局，还可根据制图的需要新建多个布局。

2. 放置图框

进入布局界面后，根据出图需要绘制或者直接放置按实际尺寸绘制的图框。并填写标题栏内容。

3. 创建布局视口

一般应为视口设置专门的图层，如将视口图层关闭，则视口边界不再显示。将视口图层设置为当前图层，单击视口工具栏上的单个视口图标，在图框范围内拉出一个新的视口，里面将显示整个图形，在视口内双击，进入模型空间，在比例设置框中可以给视口设置合适的打印比例。如果需要多个视口，则按同样的方法可再建立新的视口，还可绘制多边形视口。

### （二）输出打印图形

选择"文件"/"打印"命令，打开"打印"对话框。在对话框中选择安装好的打印设备，并设置相应的图纸尺寸。各部分设置完后，在对话框中单击"确定"按钮，便可以打印图形了。另外还可以通过软件自带的虚拟打印机，将图形打印成图片（PNG 或 JPG 格式）或者PDF 文档。

## 三、使用天正建筑对图纸的标注方法

通常在进行园林工程图纸标注的时候，要让所有图纸上标注格式保持统一。在使用 AutoCAD 进行标注时往往需要根据图形输出的比例来反复调整标注样式，操作上会比较烦琐。天正建筑软件在此基础上提供了一个更简单的方法，只需要根据不同图形的出图比例进行相应设置，即可保证所有的标注格式统一并且符合国家标准。

### （一）天正建筑的界面

在安装完天正建筑后，直接双击桌面的"天正建筑"图标即可启动 AutoCAD，启动后的AutoCAD 的功能区会增加一个"天正建筑"的标签，点击即可显示天正建筑的各种命令按钮；也可以同时按下键盘的"Ctrl"和"+"两个键，屏幕左侧会出现天正建筑的命令快捷菜单；同时在底部状态栏中会增加"设置比例"的选项（图 9-5）。通常情况下，会通过屏幕左侧的命令快捷菜单进行操作。

### （二）使用天正建筑进行标注

在使用标注之前，应该首先在图纸的布局空间中按照实际需要设置好图框及各视口的出图比例，然后将状态栏中的天正标注比例设置成相应视口同样的比例，再使用天正建筑进行标注，即可保证标注的规范和统一。

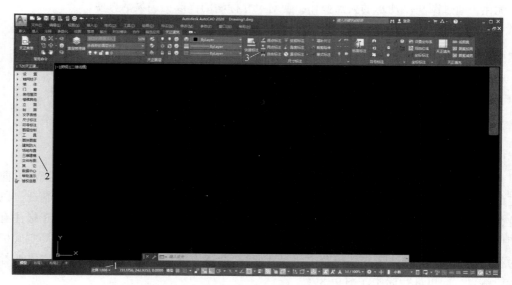

1—天正标注比例设置；2—天正建筑快捷菜单；3—天正建筑功能区。

图9-5 使用天正建筑软件后的 AutoCAD 界面

1. 设置单位

点击天正快捷菜单中的"设置"/"天正选项"，在弹出的对话框中根据实际情况选择绘图单位和标注单位（图9-6）。

图9-6 天正选项对话框

2. 尺寸标注

天正尺寸标注分为连续标注与半径标注两大类标注对象，其中连续标注包括线性标注和角度标注，这些对象按照国家建筑制图规范的标注要求，对 AutoCAD 的通用尺寸标注进行了简化与优化，通过图9-7所示的夹点操作，使对尺寸标注的修改更加灵活方便。

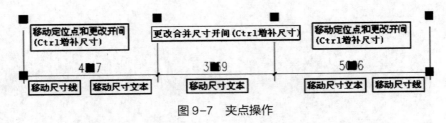

图9-7 夹点操作

园林工程图中常用的尺寸标注有以下几个。

（1）逐点标注 本命令是一个通用的灵活标注工具，对选取的一串给定点沿指定方向和选定的位置标注尺寸。特别适用于没有指定天正对象特征，且需要取点定位标注的情况，以及其他标注命令难以完成的尺寸标注。增加自由、水平、垂直标注方向的选择，适用于标注有设定角度的尺寸。增加标注样式的设置，可提前设置好标注样式进行标注。支持在布局空间标注时对视口比例读取。点击天正快捷菜单"尺寸标注"/"逐点标注"命令后，连续点击需要标注的线段端点，即可进行标注（图9-8）。

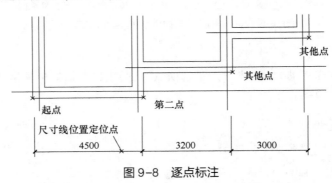

图9-8 逐点标注

（2）半径标注和直径标注 点选相应的标注工具后，即可对圆弧或者圆进行标注。

（3）角度标注 点选角度工具后，一次点击形成夹角的两条线段即可。

（4）弧弦标注 本命令以国家建筑制图标准规定的弧长标注画法分段标注弧长，保持整体的一个角度标注对象，可在弧长、角度和弦长三种状态下相互转换。在实际使用中，通过光标位置的改变来变换标注的尺寸类型，如图9-9（1）所示。最后标注结果如图9-9（2）所示。

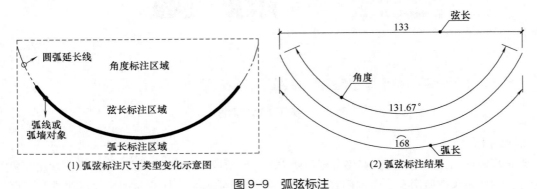

（1）弧弦标注尺寸类型变化示意图     （2）弧弦标注结果

图9-9 弧弦标注

3. 符号标注

按照建筑制图的国标工程符号规定画法，天正建筑软件提供了一整套自定义工程符号对象，这些符号对象可以方便地绘制剖切号、指北针、引注箭头，绘制各种详图符号、引出标注符号。园林工程图中常用的符号标注有以下这些。

（1）坐标标注 在总平面图上标注测量坐标或者施工坐标，取值根据世界坐标或者当前用户坐标（UCS），支持批量标注坐标功能，坐标对象可以提供线端夹点，可调整文字基线长度。

（2）标高标注 在界面中分为两个页面，分别用于建筑专业的平面图标高标注、立剖面图楼面标高标注以及总图专业的地坪标高标注、绝对标高和相对标高的关联标注，地坪标高符合总图制图规范的三角形、圆形实心标高符号，提供可选的两种标注排列，标高数字右方或者下方可加注文字，说明标高的类型。

（3）箭头引注 本命令绘制带有箭头的引出标注，文字可从线端标注也可从线上标注，引线可以多次转折，用于指示说明、楼梯方向线、坡度等标注（图9-10），共提供5种箭头样式和两行说明文字。

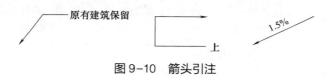

图9-10 箭头引注

点取菜单命令后，箭头引注设置对话框如图9-11所示，在线端时仅输入一行文字。

图9-11 箭头引注设置对话框

在对话框中输入引线端部或者引线上下要标注的文字，可以从下拉列表选取命令保存的文字历史记录，也可以不输入文字只画箭头，对话框中还提供了更改箭头长度、样式的功能，箭头长度按最终图纸尺寸为准，以mm为单位给出；箭头的可选样式有"箭头""半箭头""点""十字""无"共5种。

（4）引出标注 本命令可用于对多个标注点进行说明性的文字标注，自动按端点对齐文字，具有拖动自动跟随的特性，支持"引线平行"功能，默认是单行文字，需要标注多行文字时在特性栏中切换。点取菜单命令后，引出标注对话框如图9-12所示，然后按照提示在绘图区点击绘制，如图9-13所示。

（5）做法标注 本命令用于在施工图纸上标注工程的材料做法，软件提供了多行文字的做法标注文字，每一条做法说明都可以按需要的宽度拖动为多行，支持多行文字位置和宽度的

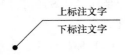

图 9-12 引出标注对话框          图 9-13 引出标注实例

控制夹点，按新版国家制图规范要求提供了做法标注圆点的标注选项，支持做法标注的输入界面行数，输入更方便。点取菜单命令后，做法标注对话框如图 9-14 所示，在对话框中按行输入做法，然后点击绘图区进行绘制，如图 9-15 所示。

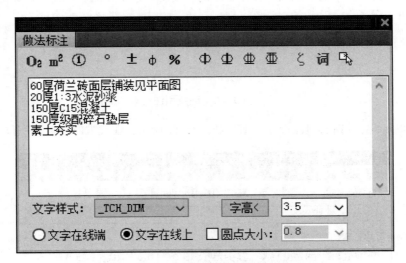

图 9-14 做法标注对话框

（6）指向索引　本命令为图中另有详图的某一部分指向标注索引号，指出表示这些部分的详图在哪张图上，指向索引的对象编辑提供了增加索引号的功能。点取菜单命令后，指向索引对话框如图 9-16 所示，输入相应参数后，点击绘图区进行绘制。

绘制指向索引时可以选择不同的模式，结果如 9-17 所示。

（7）剖切索引　本命令为图中另有详图的某一部分剖切标注索引号，指出表示这些部分的详图在哪张图上，剖切索引的对象编辑提供了多个剖切位置线的功能。点取菜单命令后，剖切索引对话框如图 9-18 所示。

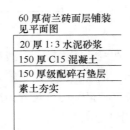

图 9-15 做法标注实例

（8）加折断线和指北针　从菜单执行这两个命令可用于绘制折断线和指北针（图 9-19）。

（9）图名标注　一个图形中绘有多个图形或详图时，需要在每个图形下方标出该图的图名，并且同时标注比例，比例变化时会自动调整其中文字至合理大小。点取菜单命令后，图名

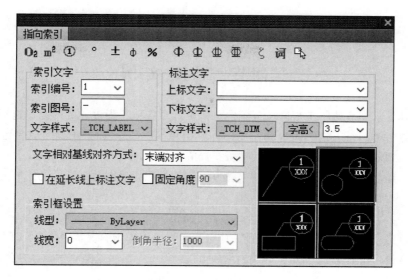

图 9-16 指向索引对话框

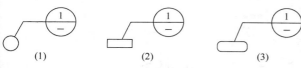

图 9-17 指向索引三种模式实例

标注对话框如图 9-20 所示。在对话框中输入参数后，再在绘图区点击即可绘制（图 9-21）。

以上是绘制园林工程图时经常用到的一些天正建筑命令，使用这些命令可以提高计算机绘制图纸的效率，并且使图纸更加规范。

图 9-18 剖切索引对话框

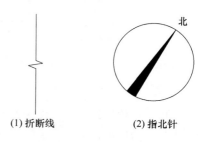

图 9-19 折断线和指北针

图 9-20 图名标注对话框

③ 围墙大样 1:1000

图 9-21 图名标注实例

# 第四节　制　图　实　例

风景园林工程图表达了工程区域范围内总体设计及各项工程设计的内容、施工要求和施工做法等。虽然各类图纸表达的内容和作用不同，但用 AutoCAD 和天正建筑软件绘制图形的过程基本相同，即前期准备、绘制图形、排版布局等。

下面通过绘制某村委会广场平面图（图 9-43），说明风景园林工程图的绘制方法和步骤。

## 一、前　期　准　备

通常进行实际项目园林工程图绘制前，应该先得到工程现场的现状测绘图，然后以此为基础进行图纸的绘制。如图 9-22 所示，虚线表示项目设计红线范围，道路和村委会办公楼已经存在。

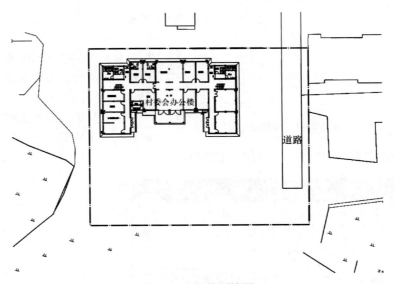

图 9-22　现状测绘图

用天正建筑软件打开现状图纸后，首先将图纸另存为一个名为"村委会广场设计"的图形文件，然后进行单位、图层等设置。

### （一）设置绘图单位

园林工程总平面图通常面积较大，绘制单位可采用"米（m）"，精度设置为"0.00"。尽量采用 1∶1 的比例因子绘图，这样所有的图形都可以以真实大小来绘制，只是在打印输出时将图形按图纸大小进行缩放。但对于建筑小品的施工图，如广场的花架施工详图一般采用"毫米"为单位，精度设置为"0"。

需要分别设置 AutoCAD 和天正建筑的绘图单位。首先选择 AutoCAD 菜单"格式"/"单位"命令（UNITS），弹出"图形单位"对话框，将精度设置为"0.00"，缩放单位为"米"，单击"确定"完成设置。然后在屏幕左侧天正建筑菜单中，选择"设置"/"天正选项"，在弹出的对话框中，将"单位换算"的"绘图单位"和"标注单位"都改成"M"。

**（二）添加图层**

选择"格式"/"图层"命令（LAYER），打开"图层特性管理器"对话框，根据广场平面图的设计内容，分别建立广场、小品、铺装线、铺装填充、植物等图层，并设置图层特性。线型默认为 Continuous，其中道路和建筑轮廓可适当加粗，有些图层可随用随建。

## 二、绘 制 图 形

广场内容主要有广场、铺装、小品、植物等，可将这些图形分别逐层绘制。

**（一）绘制广场轮廓线**

（1）将"广场"图层设置为当前图层，然后以办公楼为基础用"直线（L）"绘制 4 条辅助线，其中辅助线 1 与办公楼中心垂直，辅助线 2 与办公楼南边线对齐。

（2）使用"偏移（O）"命令将辅助线 1 往两边各偏移 4；辅助线 2 往下分别偏移 4 次，偏移数值分别是 2、3、8、8；将辅助线 3 和辅助线 4 分别向两侧各偏移 8；用"圆弧（A）"命令连接三个交点，生成辅助线如图 9-23 所示。

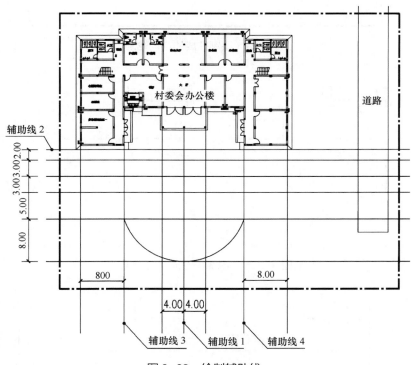

图 9-23　绘制辅助线

（3）使用"修剪（TR）"命令剪掉多余的线段，绘制完成的广场轮廓如图 9-24 所示。

（4）绘制路缘石　首先使用"合并（J）"命令将广场轮廓线合并成一条多段线，然后使用"偏移（O）"命令将合并的多段线往外偏移 0.15，同时把中间花坛线向内偏移 0.15。偏移命令生成的路缘石如图 9-25 所示。

**（二）绘制小品设施等**

绘制如图 9-26 所示的单臂弧形花架、宣传栏、升旗台等小品设施。

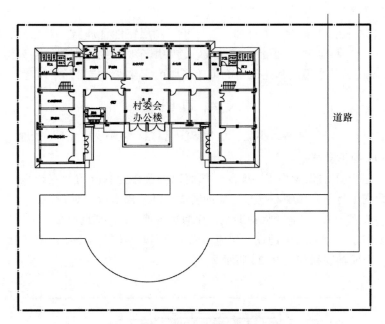

图 9-24　绘制完成的广场轮廓

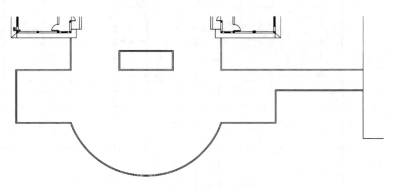

图 9-25　偏移命令生成的路缘石

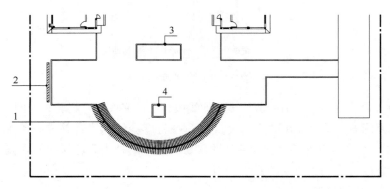

1—单臂弧形花架；2—宣传栏；3—花坛；4—升旗台。

图 9-26　绘制小品设施

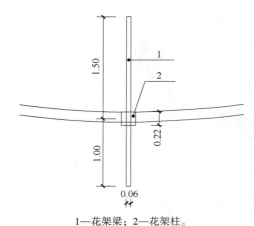

1—花架梁；2—花架柱。

图 9-27　绘制单臂弧形花架的平面图

### 1. 绘制单臂弧形花架

（1）先用"矩形"命令绘制一个边长为 0.2 的正方形花架柱，使用填充命令将其内部填充再绘制一个长、宽分别为 2.5 和 0.06 的长方形花架梁，将其放置于广场弧线部分中间，平面图如图 9-27 所示。

（2）使用"环形阵列"命令，选择花架柱的正方形，以广场圆弧的圆形为中点进行环形阵列，参数如图 9-28（1）所示；同样对花架梁进行环形阵列，参数如图 9-28（2）所示；生成如图 9-28（3）所示的半边花架；最后使用"镜像"命令生成完整花架，如图 9-28（4）所示。

（1）广场圆弧环形阵列参数

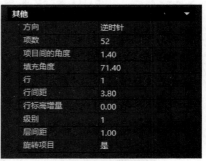

（2）花架梁环形阵列参数

（3）半边花架

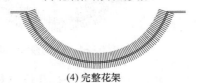

（4）完整花架

图 9-28　生成花架的步骤

### 2. 绘制宣传栏

使用"矩形"命令绘制一个长宽分别为 8 和 0.4 的矩形，放置在如图 9-29 所示位置。

### 3. 绘制升旗台

首先绘制一条直线连结广场弧形的两个端点作为辅助线，然后绘制一个边长为 2.4 的正方形，上边与辅助线中间对齐，接着使用"偏移（O）"命令将正方形往内偏移 0.2，结果如图 9-30 所示。完成后将辅助线删除即可。

### （三）绘制铺装

（1）首先将当前图层切换为"铺装"，然后用"直线（L）"和"偏移（O）"命令生成铺装分隔线条。如图 9-31 所示。

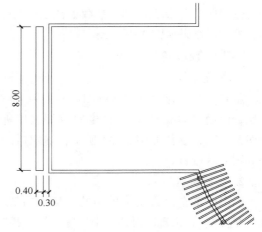

图 9-29　宣传栏平面图

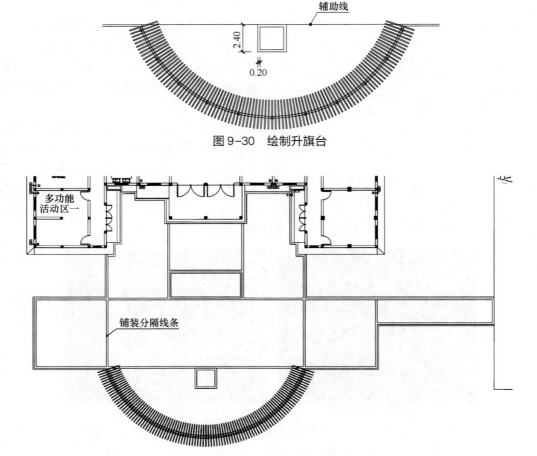

图9-30 绘制升旗台

图9-31 使用直线和偏移命令生成铺装分隔线条

（2）使用"填充（H）"命令打开填充对话框，点击"添加：拾取点（K）"按钮，点选图中各铺装区域，然后回车确定返回对话框，选择图案并设置比例，参数如图9-32所示，确定后结果如图9-33所示。

**（四）绘制植物**

1. 填充草坪

新建一个名为"草坪"的图层并置为当前图层，使用"填充（H）"命令对草坪区域进行图案填充，参数如图9-34所示，确定后结果如图9-35所示。

2. 添加树丛

点击屏幕左侧天正菜单中的"场地布置/成片布树"，在出现的对话框中设置"树半径""树间距"和"树形"，确定后移动鼠标即可

图9-32 铺装图案填充对话框参数

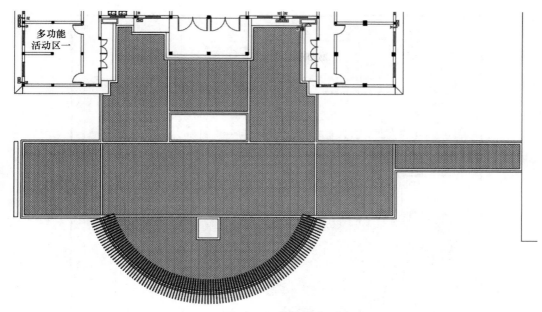

图 9-33　铺装填充

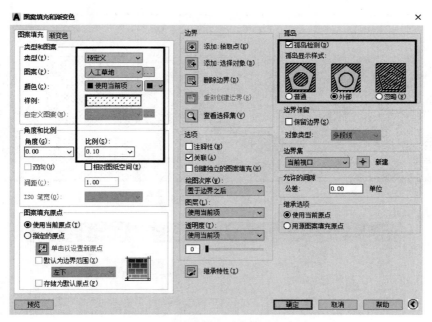

图 9-34　草坪填充图案对话框参数

跟随光标自动绘制植物，单击右键确定后生成树丛，如图 9-36 所示。同时天正建筑会自动生成名为"Tree"的新图层。

3. 添加独立树木

点击屏幕左侧天正菜单中的"场地布置/任意布树"，在出现的对话框（图 9-37）中点击"树形选择"中的"拾取"按钮，可以在天正图库中选择合适的植物平面图例（图 9-38）。

在"树形参数"中可以设置植物图例半径和树间距，绘制方式有如下 4 种类型可供选择，

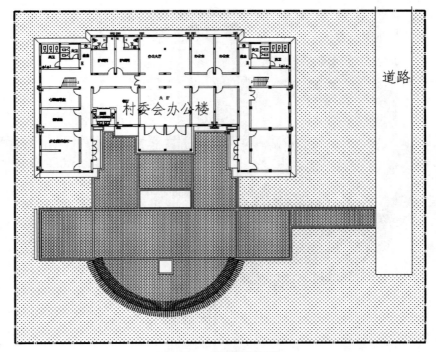

图 9-35　填充草坪图案

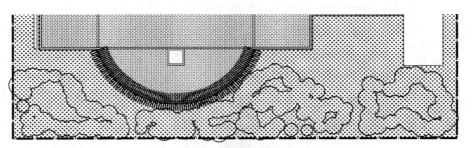

图 9-36　使用成片布树生成树丛

图 9-37　任意布树对话框

分别如下：

（1）任意点取　通过鼠标点击任意放置树木；

（2）拖动绘制　可以沿着拖动路线按照设置的树间距生成等距离的树木；

（3）路径匹配　选择事先绘制好的多段线，即可以此为路径等距离布置树木；

（4）域布置　选择事先绘制好的闭合多段线，即可在此区域内布置树木。

通过不同方式结合添加树木，如图 9-39 所示。

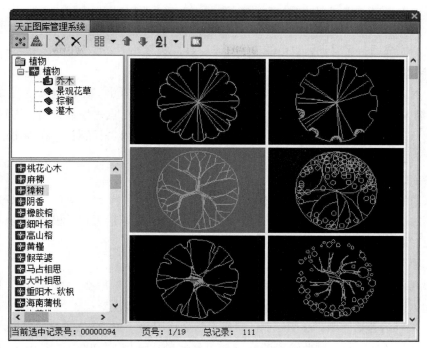

图 9-38　天正图库管理系统中选择植物平面图例

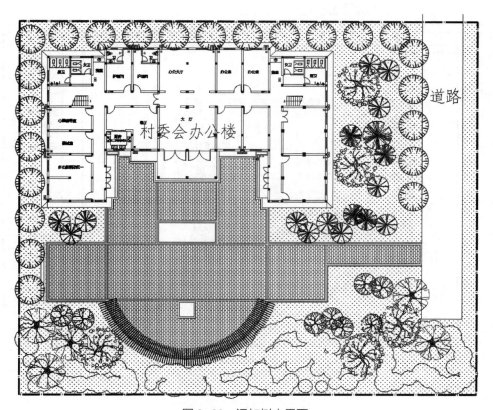

图 9-39　添加树木界面

## 三、排 版 布 局

图形绘制完成后，需要进行规范的出图处理，具体步骤如下。

### （一）添加图框

单击绘图区左下方的"布局1"标签，切换到布局界面。点击屏幕左侧天正菜单中的"文件布图"/"插入图框"，在弹出的对话框中，选择"A2"图幅，点击插入按钮，即可在图上插入 A2 图框。图框标题栏的内容可以根据实际情况进行修改，双击标题栏，在弹出的对话框中即可对各项内容进行填写或修改。

### （二）绘制视口

在"工具"菜单栏中选择"工具栏"/"AutoCAD"/"视口"调出"视口"工具栏。点击工具栏上的第二个按钮"单个视口"，在图框合适位置绘制一个矩形视口，模型空间中绘制的图形就会出现在绘制的矩形视口中。

### （三）设置视口比例

在矩形视口中双击，视口边线变粗，即进入了视口内部，然后在"视口"工具栏后面的比例框中输入合适的比例。一般来说合适的比例需要经过多次尝试，本图经过尝试，使用 1∶0.2 的比例较为合适。因为总图绘制的时候通常会使用米（m）作为单位，但插入的标准图框单位通常是毫米（mm），因此输入 1∶0.2 实际表示的比例是 1∶200，如图 9-40 所示。

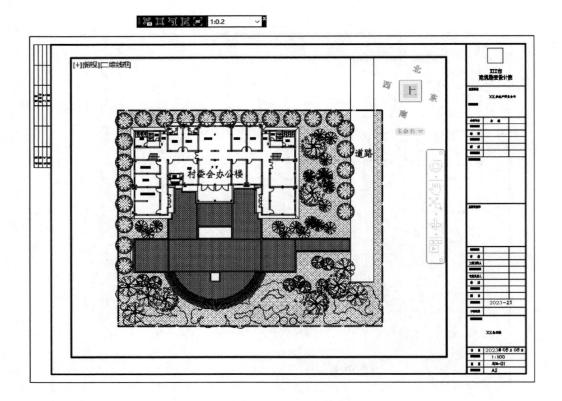

图 9-40　设置视口比例

比例设置完成后，一般应立即点击下方状态栏中的"比例锁定"按钮，将视口比例进行锁定，以防止误操作改变了设定好的比例，然后在视口外双击左键退出视口。

### （四）多图布局

使用"复制（CO）"命令将整个图框包括视口全部再复制两份，三份图分别是总平面图、铺装平面图、植物配置平面图。

双击进入总平面图中的视口，在图层管理器中，分别点击"铺装""Tree"和"草坪"图层前面的第三个按钮（图9-41），在当前视口中冻结这三个图层，隐藏图层内容。同样的方法，在铺装平面图中冻结"Tree"和"草坪"图层，在植物配置平面图中冻结"铺装"图层，以此让三幅图各自显示不同的内容，结果如图9-42所示。

图9-41 点击图标在当前视口中隐藏图层内容

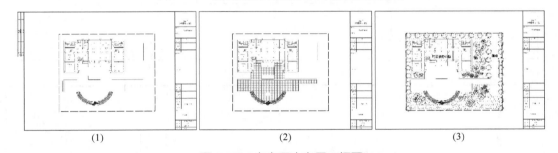

| (1) | (2) | (3) |

图9-42 在布局中布置三幅图

### （五）对图形进行标注

如果进入视口内进行标注，需要先将绘图区下方的天正比例设置与视口比例一致，如果直接在视口外进行标注，则无须设置。

1. 标注图名

使用屏幕左侧天正菜单"符号标注"/"图名标注"工具分别在三幅图下方标注图名和比例。

2. 标注尺寸

在总平面图中，使用屏幕左侧天正菜单"尺寸标注"中的"逐点标注""半径标注""弧线标注"等工具分别对图形进行相应的尺寸标注。

3. 引出标注

在总平面图中，使用屏幕左侧天正菜单"符号标注"/"引出标注"对各元素进行标注说明；在铺装平面图中对铺装材料进行标注说明；在植物配置图中对植物种类进行标注说明。

4. 放置指北针

最后使用屏幕左侧天正菜单"符号标注"/"指北针"工具分别在三幅图上放置指北针。绘制完成的某村委会广场平面图如图9-43所示。

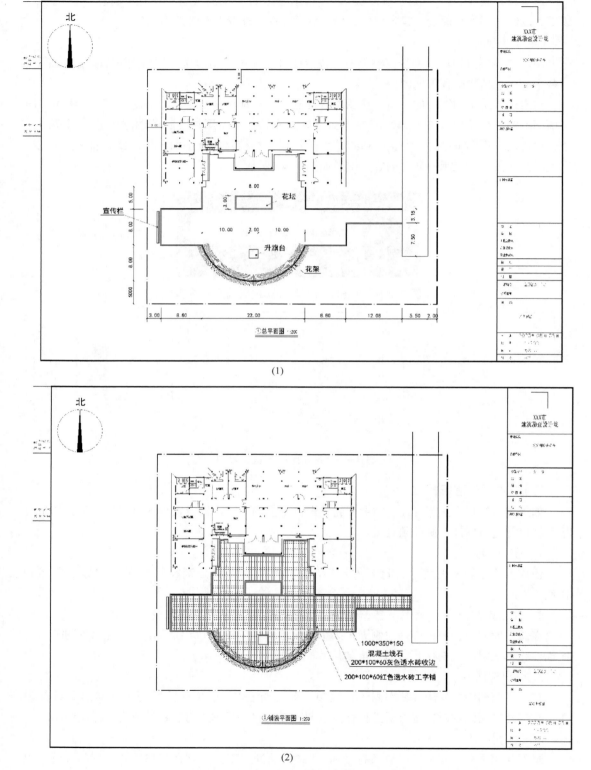

(1)

(2)

图 9-43  绘制完成的某村委会广场平面图

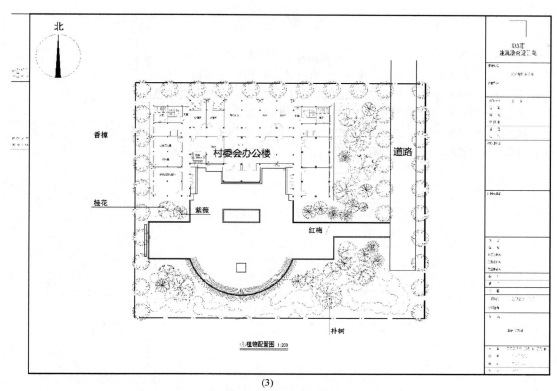

(3)

图9-43 绘制完成的某村委会广场平面图（续）

# 参 考 文 献

［1］孟兆祯. 风景园林工程［M］. 北京：中国林业出版社，2012.

［2］王晓俊. 风景园林设计［M］. 南京：江苏科学技术出版社，2009.

［3］吴机际. 园林工程制图［M］. 4 版. 广州：华南理工大学出版社，2016.

［4］张建林. 风景园林工程制图［M］. 重庆：西南师范大学出版社，2017.

［5］张远群，穆亚平. 园林工程制图［M］. 2 版. 北京：中国林业出版社，2016.

［6］周静卿，孙嘉燕. 园林工程制图［M］. 北京：中国农业出版社，2006.